U0071919

生態文化
Ecological Culture

王勤田／著

孟　樊／策劃

出版緣起

　　社會如同個人，個人的知識涵養如何，正可以表現出他有多少的「文化水平」（大陸的用語）；同理，一個社會到底擁有多少「文化水平」，亦可以從它的組成分子的知識能力上窺知。眾所皆知，經濟蓬勃發展，物質生活改善，並不必然意味這樣的社會在「文化水平」上也跟著成比例的水漲船高，以台灣社會目前在這方面的表現上來看，就是這種說法的最佳實例，正因為如此，才令有識之士憂心。

　　這便是我們──特別是站在一個出版者的立場──所要擔憂的問題：「經濟的富裕是否也使台灣人民的知識能力隨之提昇了？」答案

恐怕是不太樂觀的。正因為如此，像《文化手邊冊》這樣的叢書才值得出版，也應該受到重視。蓋一個社會的「文化水平」既然可以從其成員的知識能力（廣而言之，還包括文藝涵養）上測知，而決定社會成員的知識能力及文藝涵養兩項至為重要的因素，厥為成員亦即民眾的閱讀習慣以及出版（書報雜誌）的質與量，這兩項因素雖互為影響，但顯然後者實居主動的角色，換言之，一個社會的出版事業發達與否，以及它在出版質量上的成績如何，間接影響到它的「文化水平」的表現。

　　那麼我們要繼續追問的是：我們的出版業究竟繳出了什麼樣的成績單？以圖書出版來講，我們到底出版了那些書？這個問題的答案恐怕如前一樣也不怎麼樂觀。近年來的圖書出版業，受到市場的影響，逐利風氣甚盛，出版量雖然年年爬昇，但出版的品質卻令人操心；有鑑於此，一些出版同業為了改善出版圖書的品質，進而提昇國人的知識能力，近幾年內前後也陸陸續續推出不少性屬「硬調」的理論叢

書。

　　這些理論叢書的出現，配合國內日益改革與開放的步調，的確令人一新耳目，亦有助於讀書風氣的改善。然而，細察這些「硬調」書籍的出版與流傳，其中存在著不少問題，首先，這些書絕大多數都屬「舶來品」，不是從歐美「進口」，便是自日本飄洋過海而來，換言之，這些書多半是西書的譯著。其次，這些書亦多屬「大部頭」著作，雖是經典名著，長篇累牘，則難以卒睹。由於不是國人的著作的關係，便會產生下列三種狀況：其一，譯筆式的行文，讀來頗有不暢之感，增加瞭解上的難度；其二，書中闡述的內容，來自於不同的歷史與文化背景，如果國人對西方（日本）的背景知識不夠的話，也會使閱讀的困難度增加不少；其三，書的選題不盡然切合本地讀者的需要，自然也難以引起適度的關注。至於長篇累牘的「大部頭」著作，則嚇走了原本有心一讀的讀者，更不適合作為提昇國人知識能力的敲門磚。

　　基於此故，始有《文化手邊冊》叢書出版

之議，希望藉此叢書的出版，能提昇國人的知識能力，並改善淺薄的讀書風氣，而其初衷即針對上述諸項缺失而發，一來這些書文字精簡扼要，每本約在六至七萬字之間，不對一般讀者形成龐大的閱讀壓力，期能以言簡意賅的寫作方式，提綱挈領地將一門知識、一種概念或某一現象（運動）介紹給國人，打開知識進階的大門；二來叢書的選題乃依據國人的需要而設計的，切合本地讀者的胃口，也兼顧到中西不同背景的差異；三來這些書原則上均由本國學者專家親自執筆，可避免譯筆的詰屈聱牙，文字通曉流暢，可讀性高。更因為它以手冊型的小開本方式推出，便於攜帶，可當案頭書讀，可當床頭書看，亦可隨手攜帶瀏覽。從另一方面看，《文化手邊冊》可以視為某類型的專業辭典或百科全書式的分冊導讀。

我們不諱言這套集結國人心血結晶的叢書本身所具備的使命感，企盼不管是有心還是無心的讀者，都能來「一親她的芳澤」，進而藉此提昇台灣社會的「文化水平」，在經濟長足發展

之餘，在生活條件改善之餘，在國民所得逐日上昇之餘，能因國人「文化水平」的提昇，而洗雪洋人對我們「富裕的貧窮」及「貪婪之島」之譏。無論如何，《文化手邊册》是屬於你和我的。

孟樊

一九九三年二月於台北

序　言

　　現代生態學和生態文化思潮的興起，可以說是科學史和人類思想文化史的一場變革。在近期短短的二、三十年間，現代生態學經歷了從自然生態到社會生態、從理論到策略、從技術到政治、從學派爭論到廣泛的生態保護運動的發展進程。特別在最近的二十年來，它已經發展成爲一種全球性的思潮和運動，並且正在對世界的經濟、技術、政治、文化和各種發展模式的建立與改變，產生重大的影響。

　　任何學科的產生與發展、發展的速度與規模，以及對社會產生影響，從根本上說，產生決定作用的是社會生活和社會實踐的需要。現

代生態學和生態文化思潮的興起，正是適應了
這種現實的需要，因此它一經產生，在短期內
就獲得了長足的進步。現代生態學已經日臻成
熟，使理論與方法、定性與定量、理論與實務
有機結合，在科學化方面已經達到了相當的水
準。

　　在實踐方面，現代生態學正在向社會生態
的方向開拓，並且把生態策略、環境治理及解
決全球生態環境問題置於十分突出的地位。在
學科建設方面，現代生態學在許多自然科學門
類之間、社會科學門類之間，以及自然科學與
社會科學門類之間進行交叉跨越，促使了學科
的綜合化與系統化，並且形成了許多新的分支
學科，使生態學成為標誌大科學時代科學發展
趨勢的一個典型代表。

　　現代生態思潮廣泛涉及到人對自然、社會
和人類自身的許多重大觀念的改變，涉及到人
的傳統生產方式、生活方式、思維方式的變革，
涉及到社會的經濟、政治、法律、管理、道德、
人口、資源以及民族、國家、地區、全球等許

多重大的關係和問題。現代生態學、生態思潮和生態保護運動已經遠遠超出自然科學學科和生態保護技術的範圍，正在成為人類生存方式的新選擇，成為人類不得不具有的一種新的宇宙觀、文明觀和行為規範，這是當今時代的一種全新的文化現象，目前正發展成為一種強勁的社會思潮和社會運動，對於它的重要性、廣泛性、深刻性和超前性不管怎麼估計，都不為過，這就是我們用生態文化來概括現代生態學、生態思潮與生態保護運動的重要緣由。

現代文化學作為一種新興學科，在跨學科的綜合研究方面是有很大的優勢，但是，作為現代文化學的一個分支的生態文化，它的研究對象是什麼呢？學說體系是什麼？在當前可以說還沒有科學的規定，需要我們不斷深入地研究下去。

在這裡，本人只就生態文化的大致內容和在當前的發展提出一個粗略的線索，其間的疏漏和不成熟，甚至錯誤之處都是在所難免的。我真誠地希望以此拋磚引玉，使生態文化這個

至關重大的課題不斷地研究下去，擴展開來，結出豐碩的成果，這對於當今的人們減少和避免重大災難、建設美好的生活，和美好的世界，將會是大有裨益的。

王勤田

目　錄

第一章
導論

一、生態學

　　生態學(Ecology)是研究生物與環境間相互關係的科學。自然界的生物都有其特定的生活環境，例如陽光、空氣、水分及各種無機元素是非生物環境，植物、動物、微生物及其他一切有生命的物質是生物環境，它們構成人類和生物群體的客觀環境條件。自然環境以其複雜的方式對包括人類在內的生物體產生作用，同時人類和生物體又反過來影響環境。生態學

就是研究人類、生物體與外界環境之間相互關
係和作用機理的科學體系。

　　在地球上，生物生存的外在環境是指地球
的表層部分。地球表面由大氣圈、水圈和岩石
圈構成。在地表三圈中適合生物生存的範圍被
稱作生物圈（Biosphere）或生態圈（Ecospher-
e）。就生態圈的性能來說，它是一個複雜的、
動態的自控系統，透過生命物質與非生命物質
的運動，使生態圈不停地進行物質的累積和能
量的再分佈，並決定著不同層次的動態結構，
從而形成了生態圈的相對穩定性和可塑性。生
態圈所具有的物質循環和能量流動的功能，是
由於包括植物、動物、微生物在內的多種生物
集團的參加，並互起媒介作用而形成的。在特
定的地理環境中，生物群落（Biocoenosis）和非
生物環境的結合構成生態系統（Ecosystem），
生態系統使生物圈的功能得到了充分的體現。

　　生態系統與生物群落有著十分密切的關
係。群落是在一定的時間和特定的自然區域
中，不同種生物的總和。例如在一個池塘裡，

同時生長著水草、微生物、浮游生物和各種魚類，在水面上還有巨禽的活動，這些生物互相依賴，相互制約，共同構成一個生物群落。在一定的區域內，群落中的各種生物物種相互作用，同時又和周圍環境進行物質和能量的交流。生態系統就是特定的生物群落與自然環境的統一整體。

　　生態系統具有維持生物群落的合理結構和生物與環境之間適應調節的功能。生態系統的這種功能是透過生產者、消費者與分解者三個生物類群的代謝關係完成的。在一個生態系統裡，同時存在著生產者、消費者和分解者。例如在池塘這個生態系統裡，生產者是綠色植物和浮游植物。綠色植物是一個加工廠，在光合作用下，把自然環境中的無機物合成有機物，合成植物體內的蛋白質和脂肪。浮游植物在光合作用下，具有驚人的繁殖力，可以直接或間接地為水生動物提供食物。生產者是生態系統的基礎，沒有它們不斷生產有機物質，整個生態系統就無法生存。在池塘裡的各種動物是消

費者，它們不能把環境中的無機物直接轉化爲
有機物，而是靠植物提供的有機物質來維持生
命。池塘裡的動物按營養等級（The Grade of
Nourishment）進行消費，例如，水蚤吃植物爲
一級消費，小魚吃水蚤爲二級消費，大魚吃小
魚爲三級消費。動物消費是維持自身的營養的
需要，也是維持生態系統的重要環節和條件。
在一個生物群落中，如果沒有動物吃掉植物，
植物就會因爲生長過旺而導致群落的衰亡。池
塘裡的分解者是肉眼看不見的細菌和眞菌，它
們把衰亡的動植物屍體分解爲無機養料，重新
爲植物所利用。生產者、消費者、分解者構成
了一個生態系統的物質循環和能量交流的代謝
關係，在非生物環境的陽光和其他條件的作用
下，相互依存與共生，使生態系統呈現出合理
的生態結構和自動調適功能，從而保持著生物
的不斷延續和生態環境的蓬勃生機。

　　生態系統大小不一，種類繁多，小至一個
池塘、草叢，大至森林、草原、海洋。按生態
系統的形態分類，可有陸地生態系統（森林、

草原、荒漠、山地)、淡水生態系統 (河流、湖泊) 和海洋生態系統 (河口、海岸、淺海、大洋、海底)。還可分為自然生態系統 (極地、原始森林) 和人工生態系統 (農田、水庫、工廠、城市)。現在人們十分注意從全球的角度研究生態問題,從而形成了全球生態系統的觀念。整個地球的生態環境、資源、人口和污染,構成了全球生態結構和平衡機理,全球生態要素的好壞,直接決定著人類生存環境的質量和未來的發展。

　　生態系統是生態圈的基本功能單元,生態系統經常不斷地進行物質、能量、信息的交換和回饋。在長期的進化中,生態系統內的各因素之間建立起相互協調與補償的關係,使其處於一定的穩定狀態,即所謂的生態平衡(Ecological Balance)。生態平衡包括三個方面,一是物質與能量循環結構的平衡,二是各成分與因素之間調節功能的平衡,三是生態環境與生物之間輸出與輸入的平衡。在自然條件下,生態系統的演替總是自動向著生物種類多樣化、

結構複雜化和功能完善化的方向發展。生態平衡不是絕對的，由於生物種群和群落的內部經常有競爭、排斥、共生、互生等生剋關係的發生，生態系統又會出現相對的不平衡狀態。生態平衡與不平衡的規律，要求人們合理地砍伐、放牧和捕殺，旣保持生態系統的平衡的供需關係，又使自然環境和資源爲人所用。

　　生態學在近、現代不斷完善，已發展爲一門超出生物學範圍的綜合性學科。生態學包含許多分支學科。以研究對象的類別分類，有類生態學、動物生態學、植物生態學、微生物生態學以及更爲詳細的分支。按研究範圍與複雜程度分類，則有個體生態學、種群生態學、群落生態學、生態系統生態學等。按棲息環境的性質分類，則有海洋生態學、淡水生態學、陸地生態學。如再細分，還有森林生態學、草原生態學、沙漠生態學、農田生態學等。按學科交叉分類，有生理生態學、化學生態學、數學生態學。按應用範圍分類，還有資源生態學、污染生態學、蟲害防治生態學、野生動物管理

生態學等。

二、生態文化

　　生態文化與生態學既有聯繫，又有區別。生態學研究生物與環境之間的相互關係，基本上屬於自然科學的範圍。生態文化應當是指關於人類社會與生物及環境之間的相互關係的認識，以及基於這種認識而建立的協調人與自然生態之間的關係的理論、管理和策略的總和。生態文化不僅包括自然科學，還從地理學、經濟學、民族學、政治學、社會學、文化學、倫理學、管理學、未來學等領域加以探討。

　　生態文化學說產生的背景，首先在於近現代工業文明造成日益嚴重的生態危機。現在人們到處可以發現，大量有毒的化學物質（工業廢水、廢氣、粉塵）使清澈的河流變成陰溝，湛藍的天空充滿有害氣體和塵埃，良田迅速地沙漠化，原始森林大規模被砍伐，許多珍貴的

動植物急劇滅絕，草場退化、農田減產，資源枯竭，自然災害每況愈加。所有這些都使人類的生存環境面臨著嚴重的挑戰，使得解決人與自然環境的矛盾，建立人與自然的新的平衡關係，已經成爲當今時代的一個關鍵問題。

其次，世界範圍內的無政府主義泛濫，由此產生了許多社會生態失衡的現象。當前世界的社會問題劇增，如人口爆炸、資源緊缺、南北懸殊、社會不公、世界貧富距離加大、大國主義和民族主義干擾世界進步、吸毒犯罪、恐怖暴力、愛滋病成災等。特別是核子威脅和戰爭因素使世界處於恐怖之中。因此建立世界新秩序，扼制社會生態惡化，尤其是反對核子擴散和核子戰爭，已經成爲全世界人民面臨的當務之急。

第三，由於人們急功近利觀念的作祟，使價值觀念發生傾斜，造成經濟發展與文化建設的失調。在現代社會，傳統的機械主義工業觀根深柢固，人們片面地認爲社會發展就是經濟增長，高消費可能促進經濟的無限增長，生活

的目的就是物質的佔有與享樂。傳統的經濟增長和享樂主義的價值觀，一方面造成對自然資源的無限制的掠奪，使生態效益急劇下降；另一方面致使物質文明與精神文化失調，人們的生活質量降低。因此，改變傳統價值觀，重建人與自然的適應機制，使物質文明與精神文化同步增長，經濟效益與生態效益相得益彰，已經成為現今的重大課題。

第四，在現代科學技術高度發展的形勢下，整個世界已變成不可分割的整體，各個國家和地區的通訊網絡、經濟關係、金融體系、以及國與國的關係都具有了一種全球的性質和規模。在這種情勢下，人所面臨的自然生態和社會生態的諸多問題，不但顯得更為突出和複雜，加劇了解決問題的難度和迫切性，而且更為具有了綜合性和全球性，需要全世界共同努力，才可有望解決。為此必須從多種視野和全球角度來研究和解決生態問題，這就增加了研究生態文化的緊迫感和重要意義。

生態文化所研究的問題很多、涉及到自

然、社會、經濟、政治、技術和國際關係等眾多的領域，並須著眼於它們之間的統一來加以綜合考察。從當前的研究狀況看，大致有以下一些方面。

第一，技術發展與生態環境的關係。一般說來，技術進步改變了生態環境，同時生態環境也制約技術的發展。從人類歷史發展過程看，在社會生產力相對低下的時代，技術對環境的依賴性較大。從前農業社會到農業社會，再到工業社會，技術對自然生態環境的依賴的密切程度依次遞減。在當代世界，由於人們忽視了經濟、技術發展與自然生態環境的平衡，出現了能源危機、資源匱乏、環境污染、生態失調，這就迫使人們在考慮技術進步的自然承受力的前提下，審視技術的發展方向、規模、結構、速度等問題。

第二，經濟與生態環境的關係。自第二次世界大戰以來，世界經濟得到高速發展，同時消耗自然資源和生態環境污染也日趨嚴重，這就從根本上扼制了經濟的增長，於是經濟增長

與生態環境的關係問題開始被人們重視起來。
經濟因素與生態因素，經濟系統與生態系統之
間有著密切的內在關係，而經濟因素和經濟系
統往往比自然生態因素與生態系統更為脆弱，
因此，為使經濟得到持續發展，必須重視調整
它與地球生態圈的關係，減少人口增長、自然
資源匱乏和生態環境退化給人類帶來的重大影
響，把社會經濟活動限制在自然生態系統的動
態穩定的限度之內。在這些問題上，生態經濟
學(The Economics of Ecology)大有用武之
地。現在發展起來的生態經濟學，著眼經濟效
益與生態效益的同步發展，一方面運用生態規
律，維護自然生態系統的合理結構和功能，減
少環境污染，開發自然資源活力，為經濟發展
提供必備的自然生態條件；另一方面運用生態
經濟規律，維護經濟與自然生態之間的適應協
調，以促進經濟的持續發展。目前，生態經濟
學研究已經取得了許多重要成果，並且不斷開
闢新的研究領域，如農業生態經濟學、森林生
態經濟學、海洋生態經濟學、城市生態經濟學、

區域生態經濟學等，這些研究對維護自然生態環境的穩定和促進經濟發展正在產生積極的影響。

第三，文化與生態的關係。過去包括文化在內的社會科學研究，往往研究一種社會現象，到另一種社會現象中去尋找答案，忽略了獨立於社會現象之外的生態環境前提。實際上生態環境對文化的影響極大，這種影響關係到文化總體的發展狀況和內部結構的變化。文化與生態有適應的一面，也有前者改造後者的一面，因此出現了穩定和變異、適應與選擇、平與衝突、利用和改造等文化與生態環境之間的一系列的適應機制問題，為生態學和文化學研究開闢了許多新的領域。當前文化生態學的主導理論，是強調人類文化與自然生態的適應性，克服人類改造自然的盲目性和種種負效應，減少人類對自然生態的破壞。

第四，自然生態系統與社會生態系統的關係。社會生態系統作為具有自身運動規律的人類生活體系，具有它的非自然生態性質。但是

無論是社會生態的總體，還是社會體系內部的
各個環節，都與自然生態密不可分，自然生態
系統與社會生態系統呈現著一種相互滲透和交
叉作用的關係。現代社會生態學(Social Ecol-
ogy)、人口生態學(Populaton Ecology)、生
態經濟學、都市生態學(Urban Ecology)等學
科的興起，反映了這方面的研究成果。而當前
的和平主義、未來主義、生態保護主義和綠黨
的興起，則在力求實現自然生態與社會生態的
協調發展方面，正在產生種種積極的影響。

　　近二十年來，隨著生態環境問題的突出，
從生態學角度對經濟增長、技術進步和社會發
展提出了種種新的思考。當前生態文化研究已
經發展為一種全球性趨勢，許多著名學者和國
際學術團體都以此為理論前沿，開闢了新的研
究方向，使生態文化的研究呈現出蓬勃的生機
與前景。現代西方的羅馬俱樂部(Club of
Rome)、第三波派(The Doctrine of Third
Wave)、後工業社會派(The Doctrine of
Post-Industrial Society)等組織和流派，都涉

及到諸多的生態文化問題。最主要的代表人物有美國的哈里斯(Marien　Harris)、米都斯(Meadows, Dennis L.)、卡恩(Kahn, Herman)、托佛勒(Toffler, Alvin)，意大利的貝切伊(Peccei, Auielio)、馬西尼(Masini, Ileonrina)、英國的舒馬赫(Schumacher, E. F.)等。這些組織派別和代表人物目前都還積極地活躍在國際生態文化的舞台上，並不斷作出新的建樹。

第二章
生態文化的歷史發展

　　生態學是近代科學的產物，由生態學發展而來的社會生態學(Social Ecology)與文化生態學(Culture Ecology)則是典型的現代文化思潮。但是，在不太嚴格的意義上，生態學和生態文化思想古已有之，並且愈在古代，它們愈具原始、質樸和深厚的特質。只是到了近、現代，隨著科學技術的進步和工業化的驅動，使古代的生態意識相對地淡化了。現在由於生態環境問題的突出，又使古已有之的生態文化意識和精神風貌重新覺醒。因此，當我們研究現代生態學和生態文化的時候，就不能忽視對其歷史源泉的考察。

一、古代生態文化的萌芽

㈠原始神話的生態崇拜

在古希臘神話和中國古代的神話和寓言中，保留著古代先民豐富的生態崇拜的文化精神。

根據近代德國哲學家黑格爾(Hegel)的研究，古希臘神話中有許多代表自然事物的神祇，如火神普羅米修斯(Prometheus)、海神波塞冬(Poseidon)、太陽神阿波羅(Apollo)、雷雨之神宙斯(Zues)，以及代表天空大氣和銀河系的天后希拉(Hera)等，同時還有代表親和力的神祇愛洛斯(Eros)。愛洛斯是一種代表愛情力量的神祇，祂具有一種結合的本領，可以使各種代表自然事物的神祇結合在一起，維持他們之間的統一、變換、補償與演化。古希臘神話的這些神祇的設定和力量的變換，可以看作

是古代人類關於人之外的環境條件和自然系統
的統一與平衡功能的一種古老的哲理。

　　在古希臘神話中，還有一種酒神傳統。傳
說酒神狄奧尼索斯(Dionysus)與一批徒眾經
常頭戴常春藤、手執茴香杵、身披鹿皮，或者
在山林裡追逐、雀躍、酣睡，過著清風明月式
的無憂無慮生活，或者作為豐收之神，在豐收
之後，圍繞篝火唱歌舞蹈、慶祝作物和生靈一
年一度的生死循環。根據西方學者的研究，酒
神傳統反映了古代人類對物質生活的厭倦，是
人類追求遠離物欲，享受精神生活的內省趨
向。我們從古希臘酒神傳說中，間或可以發現
古代歡樂山林、卑視物欲、淨化精神的傳統，
這個傳統與現代宗教生態主義、唯生態主義和
技術批判主義之間可以說有著難以分割的歷史
聯繫。

　　古希臘神話還表現了對人類歷史的看法。
根據古希臘神話的描寫，人類歷史經歷了黃金
時代、白銀時代、青銅時代和黑鐵時代。這四
個時代表現為人類歷史逐步退化的趨勢。退化

的原因在於人不敬神靈，由於人類滿足於享
樂、任性、虛榮、偷情、復仇，這就必然傲睨
神靈與天道，於是神靈解除了保護人的誓約，
終於造成人類歷史的退化。傳說神靈曾指使女
妖潘杜拉(Pandarus)化作美女，給她一個裝滿
災禍的匣子；潘杜拉下凡人間，當人們驚嘆她
的美貌之時，她忽然打開匣子，使災禍遍佈人
間，人類從此走向災難深重的淵藪。古希臘神
話中描寫的這種人與神的矛盾，實際上是指人
與自然的矛盾；描寫的神對人的懲罰，實際上
是指自然規律對人的違背行爲的懲罰；描寫的
各種各樣的神話喻意，實際上是古人對於人與
自然的和諧關係以及人必須遵從自然平衡的規
律的種種教喻。

　　在中國古代的神話裡，同樣可以發現對各
種自然力的崇拜，例如火神祝融、水神河伯、
海神禺䝞、日神東君、雲神六君等。在中國神
話中，像水火土氣、山川河湖、日月星辰、花
草樹木、牛頭馬面等都可以找到代表它們的各
種神靈，並成爲敬畏的對象，建立起種種自然

神靈的拜物敎。中國神話中所表現的種種對自然力的崇拜，實際上是古人對自身生存環境的崇拜，以便透過這種崇拜，力圖保持人所依賴的自然環境的永恆。

在莊子的著作中，也保留著不少生態崇拜的神話寓言。例如在《莊子・應帝王》中有個渾沌開竅的神話故事。故事說有儵、忽二帝曾受到渾沌之帝的善待，他們看到渾沌因無七竅而不能看聽和飲食，爲報渾沌之德，便爲其開鑿七竅，七天之後七竅既成，渾沌也因此一命嗚呼了。研究者認爲，這則神話故事代表了莊子對人與自然關係的看法，儵、忽代表人類，渾沌代表自然，人在自然面前可崇尚但不可大膽妄爲，否則不但有損自然，破壞人與自然的和諧，也會給人類帶來不利。《莊子・山林》中還有一個「螳螂捕蟬，黃雀在後」的故事。說的是在一棵栗樹上，一隻螳螂正在捕蟬，而它身後的黃雀早已把它死死盯住，但當黃雀得意忘形之時，人的彈弓又在後面對準了它。這則故事說明了自然界生物之間相生相剋的複雜關

係，表現了莊子對自然界巧奪天工的食物網絡
的讚嘆。在敍述故事之後，莊子特別提到，人
類也同樣存在著身後的種種危險。這個故事是
古代生態崇拜的典型事例，並且表現了中國古
人對食物鏈(Food Chain)和生態系統的最早
覺悟，由此可見，中國古代具有生態文化的豐
富內容和深邃哲理。

(二)西方古代的生態目的論

　　古希臘著名哲學家柏拉圖(Plato)曾提出
自然目的論的主張。柏拉圖認為，世界萬物按
自然的規律循環運動，周而復始，在空間上表
現為有序的宇宙結構，在時間上表現為晝夜、
四季、冷熱乾濕的消長興衰。他還認為，宇宙
萬物之間存在一定的秩序和等級，萬物相互制
約，盛衰不止。例如草木為禽獸所設，禽獸為
人所設，人和萬物又為一個最高的存在所設，
這個最高的存在就是萬物逐級追尋的目的，在
這個最高目的的作用下，宇宙組織成一個十分
完滿的整體和等級序列，實現著一種最高的和

諧和至善。用生態學的觀點看，柏拉圖的這種
主張是自然生態目的論的思想。柏拉圖為論証
自然生態的完滿性，不是從自然本身的適應機
制來說明，而是在自然系統之外尋找神秘的力
量，這個結論顯然是錯誤的。但是透過柏拉圖
對自然系統完滿性的崇尚和讚嘆，表現了西方
古人對生態文化的種種認識，如自然系統的有
序性，生物之間、生物與人之間存在的相生相
剋的共生關係，宇宙萬物與人之間具有的整體
和諧的關係，以及生物在自然環境中存在由低
到高的變化規律等。

　　亞里斯多德(Aristotle)是西方古代思想
文化的集大成者，他在《動物學》中研究了生
物與環境的關係，提供了在古代意義上豐富的
生態文化的思想資料。亞里斯多德首先提出動
物與環境緊密相關。例如有些動物靠水生活，
有些動物靠陸地生活，有些動物靠水陸兩棲生
活。動物生存不但與水和空氣密切相關，同時
還與環境的溫度有關，也受到食物資源和覓食
方式的影響。他指出，每一種動物遇到符合其

生活的自然環境，不但會感覺愉快，而且全身
的結構也會與之適應，並發生種種變化。

　　亞里斯多德描寫了自然界與動物之間存在
著多種交流。例如在麥收時節，希臘的鳥類就
會飛到尼羅河的沼澤地生活，而另一種物候訊
號出現，它們又從地球的南端飛到北端。有些
植物的生衰會成為某種動物遷徙的訊號，而昴
星的降落則是蜜蜂伏蟄的開始。亞里斯多德指
出，自然環境條件對生物成長的作用往往為人
力所不及。例如蔬菜經人力灌溉而成長，但一
沾雨露，就會分外青葱，作物得天而獨厚，人
力則是微不足道的。

　　亞里斯多德用許多生動的事例說明了動物
之間的互生現象。例如利比亞由於常年缺水，
各種不同性情的動物在極度口渴走到水源時，
往往失去了凶性，並且易於發情，相互交配，
產生出狼與狗或狐與狗的雜種。根據亞里斯多
德的考察研究，生物之間的互生、抗生、寄生
和競生現象都是受環境條件的作用，而環境條
件的變化，例如同一種食物資源的出現，兩種

或多種動物就可能同時受到吸引，改變它們之間的互害性，共生就會成爲主導趨向。

根據亞里斯多德的考察研究，動物有分居或群居的區別。有些動物相互爲好，不仇視相鬥，被稱爲合群動物。有些動物則因食物關係而相互爲敵，屬於不合群動物。各種動物不管相生或相仇，往往生活在一起，構成一個生物系列。例如狼吃狐、狐吃鷄、鷄吃鳥、鳥吃蜥蜴、蜥蜴又威脅狼，常常鑽進它們的鼻孔，妨害它們進食，甚至危及其生命。亞里斯多德在這裡實際上提出了生態食物鏈學說。處在同一種環境中的各種生物相互關聯，相食爲用，構成了可分層的食物結構和自動調節功能，以達到異養和自養，這就是近代生物群落和生態系統的理論。亞里斯多德在兩千多年前就考察了這個生態結構與功能，實在是十分難能可貴的。

(三)中國傳統的天人合一論

　　天人合一論是中國古代哲學和思想文化的一個基本精神。天人合一論從先秦諸子提出開始，在長期的中國古代社會得到充分的發揮，爲研究中國的生態文化提供了一個總觀。

　　中國傳統文化研究的一個基本問題是「窮天人之際，通古今之變」，其中概括的一個主要命題就是天人合一。所謂天人合一，首先是指天人之間有其共同規律和至理，這就是「道」。「道」是陰陽二氣化生萬物，萬物運行變易的規律性。道通天、地，人爲自然的產物，由氣而生，「得天地之最靈之人」，因此天、地、人是統一的，故爲天人合一。天人合一的基本精神講的是天人之間的協調關係，天人協調爲之「中」，「中」是天人關係的最佳狀態。人守正居「中」，「中時」、「中行」，就能達到知天知人、窮理至性，就容易獲得成功。

　　中國古代的思想家在研究天人合一的理論時，還發揮了天人感應的思想。天人感應主要

是講天與人之間的相互影響。人以「天」為生存條件，人在「知天」中就會不斷表現出人的種種足跡，而「天」對人的生活和社會也不時產生著種種影響，故曰天人之間「有動必感，咸感而應」。例如，《呂氏春秋》上講「師天所處，必生棘楚」，說的是社會的征伐戰事，必然造成田園荒蕪，說明社會現象和自然現象之間存在著因果關係。唐代學者劉禹錫指出，天人感應「交相勝」、「還相用」，說明天人之間的作用和影響具有一種互補關係，既勝於天，又利於人。宋代學者張載指出，「天動而感人」，人動而感天，這種天人之間的交互感應是客觀的、必然的。張載還研究了天人感應的多種形式，或以同而感，或以異而感，或以相悅而感，或以相畏而感，不管是什麼形式，人只要服從自然趨勢，知天，知人，就有利於協調天與人之間的關係，接受有利的影響，避免不利的影響，由天人感應達到天人合一。

　　中國古代的天人合一論講天言人，而立意主旨則在言人，讓人知天順道，以天為法。例

如，孔子教人「生死有命，富貴在天」，說明人
求富貴，不能違背天命，順則富貴，不順則不
可得。孟子教人「盡心」知天，用「立命以誠」
來明天道之理，以便獲得成功。老子教人返眞
天道，制止妄言妄行，克服在天人關係上的偏
見和偏行。荀子教人「明天人之分」，「制天命
而用」，發揮人的主動性。張載教人「悅天」而
感，「畏天」而感，知天順天而行，在認識天人
關係的基礎上，建立人的適當行爲方式。

　　中國古代的天人合一論，主要是我國賢哲
對天人關係的哲學思考，但從生態文化的角度
看，其中包含了許多合理的思想。天人合一論
說明在人與自然之間，存在著和諧一致的關
係，人與自然可以相互影響，這種相互影響可
能有利，也可能有害，遵從人與自然的正確關
係，就可以變害爲利，利天利人。古代先哲教
喻人「知天」，「知人」，順天盡性，克服私欲和
偏見，在尊重自然的基礎上，制天命以爲用，
發揮積極能動作用。這些思想都是十分有價值
的，是中國生態意識和生態文化的寶貴遺產。

二、近代生態文化的創立

　　保留在古代神話和各種著作中關於生態文化思想的記載，還不是確定意義上的生態學和生態文化理論，只能算作生態文化的萌芽，或生態文化的前史。在近代，隨著分門別類的自然科學的創立，生態學和生態文化理論也逐漸確立起來，並且多少具有了科學的形態。近代生態文化經歷了從生態學理論的先驅，到生態學的創立，從自然生態學的創立到社會生態學或文化生態學創立的發展過程。

(一)環境決定論

　　強調自然環境對生物體和人類的影響，這是近代生態理論的一個立論要點，也是近代生態理論先驅的一個特點。法國生物學家布豐(Buffon)曾著重研究過自然環境影響對生物體變化的價值，他指出：「當地溫度的變化、

食料的品種和豢養的痛苦等等都是確定動物改變的原因。」美洲的動物大多是從歐洲遷徙過去的，新的環境的影響，使新大陸的動物發生了適應新環境的種種變化。布豐把動物學的研究引進到人類學的領域，指出氣候、食物和習慣的影響，對特定人群產生普遍而持久的作用，而這些條件的改變，又會帶來人類群體的新變化。

　　法國近代哲學家孟德斯鳩(Montesquieu)明確地提出了地理環境決定論(Geographical Determinism)。他主要研究了氣候、土地和地形等自然環境對人的影響。例如長期處在寒冷地帶的民族，冷空氣使體表收縮，富於彈性，增強了人的力量，因之產生了信心、勇氣、坦率，少有猜忌與詭詐等心理特徵。而熱帶民族往往由於氣候的原因，容易軟弱無力，失去勇氣，處事害怕，無動於衷，失去豪邁的品質。孟德斯鳩還指出國土對人的品質的特殊意義，國土肥沃容易使人養成依賴感，害怕搶劫，專注私事，貪生怕死。而國土磽薄，「土地不肯給

予他們的東西，他們必須靠自己取得」，這樣的
民族往往堅韌耐勞，勇敢善戰。他還從山區、
平原、海島、內陸的不同居民的性格特徵，加
以說明地理環境對人的生活、心理和社會的種
種影響，並把這種影響看成是社會制度和立法
的重要根據。孟德斯鳩只從自然與人的關係來
研究人的性格和心理的成因，未免失之偏頗。
但從近代以來，是他最早明確從環境因素研究
生物與人的外在條件，從而開創了生態學和生
態文化的先河。

　　達爾文 (Darwin) 是近代生態理論之父。他
在創立進化論 (The Theory of Evolution) 之
時，特別強調生物生態環境理論的意義，這個
理論構成了達爾文學說的一個基本內容。達爾
文在觀察和研究中發現，所有生物只要環境適
宜，都會竭力繁殖後代，迅速增加的後代又向
四周擴展，從理論上說，按這種增殖趨勢，某
種生物很有可能迅速佔據整個地球。但實際上
地球上的生物數量並無多大的增加，而是多種
生物參差共存在一起。造成這種狀況的一個重

要原因，就是環境條件的惡劣，在複雜多樣的地域、氣候、資源、敵物的影響下，許多生物不可能一帆風順地生活和繁衍，其中的大部分被無情的自然界淘汰掉了，只有少數物種才有可能保留下來，並得到傳宗接代的機會。這就是達爾文講的生存競爭和自然選擇的道理。

　　那麼生物體發生自然選擇的生物學機制是什麼呢？達爾文為此提出了以環境因素為出發點的變異遺傳的理論。達爾文肯定了生物界沒有完全相同的個體，生物個體之間的差異叫做變異。造成生物變異性的原因是多方面的，有個體之間的雜交、生物器官長期的用進廢退，以及生存條件的改變等。其中最為重要的是後者，並且前者是後者決定的。這就是說，生物體的變異是適應環境的結果，生物體越能適應環境條件者，變異就愈明顯，就愈容易在生存競爭中獲得勝利。生物體這種適應環境的變異，是一種獲得性的保持，獲得性可以遺傳，並在它的後代中鞏固下來，這樣就使生命體不斷地具有了新特徵、新品種，使生物界表現出

發展與進化的趨向。

　　達爾文的生物進化論闡明了生物學的歷史
發展觀，爲近代自然科學的發展提供了理論與
方法的指導。從生態學意義上講，達爾文的適
者生存的理論，論証了生物對自然環境的適應
性，是對近代生態學關於生物與環境關係的科
學概括。達爾文關於生物的自然選擇的理論，
指明了物種之間的相剋關係，這種關係保証了
生物與生物之間，以及生物與環境之間的平
衡，從中証明了生物在環境條件下競生與抗生
的生態學規律。同時，達爾文在《物種起源》
中描繪了生物食物鏈和營養級的現象，這裡包
含了生態系統理論的萌芽。達爾文還在對馬爾
薩斯(Malthus)人口論的研究中，十分贊同人
口生產與人口之外的物質生產相聯繫的思想，
這就把人口競生的社會現象和自然環境的食物
與資源條件聯繫在一起，是關於人口生態學的
早期理論思考。所有這些都爲近代生態學的發
展奠定了理論基礎，因此可以說，達爾文作爲
近代生態學(Modern Ecology)的理論先驅是

當之無愧的。

　　但是，達爾文的生態學思想還不是自覺的
生態學理論。同時，他過分強調了生物之間的
鬥爭性，忽略了生物之間彼此關聯、和諧、相
生、促進的趨向，從而把生物與環境、生物與
生物之間錯綜複雜的關係過於簡單化了。德國
學者海克爾批判繼承了達爾文的學說，首次提
出生態學概念與相應的理論，促進了近代生態
學的形成。

(二)海克爾的生態學理論

　　德國著名生物學家海克爾(Haeckel)是達
爾文主義的擁護者和捍衛者。但他針對達爾文
只重視物種過剩和生存競爭而引起的自然選擇
的傾向，進一步提出，自然選擇還有一種更重
要的選擇，即由於變化了的環境而引起的選
擇，這種環境的影響對於生物體來說，可以產
生更大的適應性。

　　海克爾在《自然創造史》中，首次提出了
生態概念和生態平衡的理論。為了說明生態和

生態平衡，他引用了達爾文《物種起源》中食
物鏈的例子。在英國有一種作為牛飼料的紅苜
蓿，紅苜蓿繁殖靠土蜂授粉，土蜂的天敵是田
鼠，田鼠吃土蜂，土蜂數量減少，使紅苜蓿不
能結實，田鼠的天敵又是貓，貓的數量增多，
使田鼠減少，這又造成土蜂增多，從而有利於
紅苜蓿的生長。達爾文以此說明生物界的食物
鏈和營養級現象，而海克爾則從中得出生物界
存在生態平衡的結論。他指出，生物物種之間
彼此相食，從而使生物界繁衍不止，這就是自
然界的生態平衡。

　　海克爾指出，有機物以周圍外界及周圍的
無機物為生存條件，同時有機物之間也互為生
存條件，這是自然界的生態事實。所謂自然界
生態，是指有機物與同一地方的其他生活者的
相互關係。海克爾認為，自然界的生態是平衡
的，這是一種規律，這個規律不僅存在於錯綜
複雜的動植物界，也與人類生活緊密相連。在
《自然創造史》中，他反覆說明了這個生態學
規律。例如，海洋小島的居民依賴棕樹生活，

棕樹的授粉靠昆蟲，昆蟲的天敵是食蟲鳥，食
蟲鳥又為鶯鳥所驅逐，鶯鳥又畏懼一種十分微
小的寄生羽虱，而羽虱又為寄生的黴類所殺。
在這個生態結構中，人類、棕樹、昆蟲、食蟲
鳥、鶯鳥、羽虱、黴類和自然環境一起，組成
一個複雜且交互利害的競爭關係，靠它們之間
的相生相剋，維持了自然界的平衡狀態和正常
秩序，表現為一種創造的力量，這種關係和力
量看起來好像為某種目的所設，但實際上它是
客觀的，是不依任何目的而存在的自然界自身
的機能。海克爾關於生態概念和生態平衡理論
的提出，可以說是近代生態學創立的一個重要
標誌。

(三)斯圖爾特的文化生態學思想

　　在二十世紀以前生態學主要研究生物群
落，到二十世紀上半葉，人類進入生物群落的
研究視野。人類作為生物場景的因素，它不只
以其身體和其他有機體與環境發生關係，更主
要是以其超有機體因素，即社會文化性質進入

生態學領域，這就形成了文化生態學，文化生態學的創立與美國學者斯圖爾特(Steward)是分不開的。

斯圖爾特認為，社會文化的形成是對環境形貌適應的結果。他考察了美國盆地高原的印第安人，由於他們地處貧瘠，靠貧乏不足的動植物資源生活，簡單狩獵和採集經濟構成了他們一切文化活動的基礎。這個印第安民族靠乾燥的河谷尋食，冬季食物不足，這就決定了他們小家庭旅居的家庭關係，並降低了人口集中和發展的可能性。這種生態環境形成了家庭合作的生產方式，使丈夫和妻子居於同等地位，因此男女平等成為規則，這個民族的所有權關係也與生態環境密不可分。由於環境惡劣，對食物場所無法預測，和變動不居的生活方式，使這個民族對土地和資源不具有永久獨佔的權利，他們通行「先到者先受惠」的慣例，一個家族取得了特定地域的使用權，其他家族另行選地擇食，故此很少發生權利之爭。斯圖爾特把生態環境與生活方式、經濟權利、社會組織

以及人口婚姻等社會文化，描述爲一個因果系
列，而前者是後者的原因，由於特定的生態環
境條件，才產生了特定民族相應的行爲方式和
文化習慣。

　　斯圖爾特還認爲，生態環境是民族的實用
技術和物質文化的直接作用者。原始人類對惡
劣生態環境的適應，產生了原始的狩獵工具、
捕魚工具、水陸交通工具，以及禦寒防暑的各
種手段。在發展程度較高的社會形態，形成了
農業技術和關鍵性工具的製造，在現代工業社
會形成了資本、信貸和貿易體系類型的經濟和
技術。所有這些，從根本上講，都是適應生態
環境的結果，這是社會發展和文化發展的一個
規律，這個規律越在古代就越加明顯。社會科
學往往用技術和生產方式的發展來劃分時代，
其實這講的是結果，而不是原因。在現代社會
文化體系裡，技術文化與生態環境的聯繫被掩
蓋得很深，只要人們肯追蹤現代技術與文化的
原始形式，就不難發現它們的生態環境根源。

　　斯圖爾特承認社會文化是多樣的，各種文

化有時可以互為因果。但深入分析各種文化形
式，就可以發現兩種情況，一種是核心文化，
這種文化與生態環境和與生態環境相關的經濟
技術活動聯繫最為緊密，另一種是與生態環境
結合較弱的其他文化因素，它們主要由文化的
歷史因素所決定。核心文化是文化變遷和文化
整合的關鍵因素，假如有些文化與生態環境的
適應性發生矛盾，這種非生態性文化就可能被
捨棄。文化選擇「重生態文化，輕非生態文化」
的趨勢，在於文化的發展以社會的發展為決定
因素，而社會的發展又以維持民族的生存環境
條件為前提。在這裡，斯圖爾特確定了文化的
自然客觀性原則，從而形成了他的文化生態學
的特色。

　　斯圖爾特的文化生態學為文化學研究提供
了一種新方法，即重視文化的環境性質的分析
方法。比如關於戰爭問題，有人從戰爭的民族
性、歷史性、宗教目的來加以論証，斯圖爾特
則指出，戰爭除與上述原因相聯繫之外，在許
多情況下可能與爭奪生存環境的資源有關，出

於這種目的，戰爭往往產生核心作用，並且使
戰爭具有了全民性。

　　應當指出的是，與任何學說具有不可避免
的片面性一樣，當斯圖爾特以他鮮明的特色在
生態文化領域進行開拓時，在其他方面就會有
些忽視。當斯圖爾特看重生態環境對文化的關
鍵作用時，他忽視了文化受歷史傳統的影響，
特別是忽視了社會經濟、政治對文化的重要作
用，從而使他的文化生態學表現出某種歷史的
局限性。

三、現代生態文化的發展

　　現代生態學(Contemporary Ecology)和
生態文化思潮的興起，可以說是科學史和人類
思想文化史的一場變革。在近期短短的二、三
十年間，現代生態文化經歷了從自然生態學到
社會生態學、從理論到實踐、從學派爭論到保
護運動的發展進程。特別是在最近期間，它已

經發展為一種全球性的思潮和運動，並正對世界的經濟、技術、政治、文化和各種發展模式的建立和改變，產生重大的影響。

(一)生態圈理論的發展

在現代生態學的理論體系中，生態圈理論具有重要的地位。生態圈概念最早由奧地利地質學家修斯(Sius)於 1875 年提出。1925 年前蘇聯學者維爾納德斯基(Vernordesky)發展了修斯的理論，成為生態圈理論的著名代表。

維爾納德斯基指出，地球平流層的下層、對流層、土層、水層、岩石層構成地球的表面外殼，在這裡有大量的生命現象存在，成為生物居住的環境，即生態圈。生態圈是地質演化的結果，在生態圈裡，生命物質與非生命物質相互作用，使其形成了一系列的生態屬性和功能。生態圈在進一步的演化中，逐漸增添了人的活動，人參與生態圈的活動，深刻地影響著地球的外貌，使生態圈出現了不同以往的新性質、新功能和新趨勢。在當今的時代，人類對

生態圈的影響，正隨著人類對自然的開發和利用而日益加劇。維爾納德斯基的生態圈學說爲現代生態學奠定了理論基礎，作爲生態圈功能單元的生態系統理論，正是在生態圈理論的前提下逐步形成的。維爾納德斯基的生態圈學說涉及到人與自然的關係問題，這個問題已經超出了生物生態學的研究範圍，構成了現代生態學的理論前提。

(二)生態系統理論的完善

生態系統的科學概念首先由英國生態學家坦斯利(Tansley)提出。1935 年他在自己的生態學專著中提出，「只有在我們從根本上認識到有機體不能與其相處的環境分離，而是與其所處環境形成一個自然生態系統，它們才會引起我們的重視。」學界認爲，這是首次對生態系統概念的確認。這句話曾被刻在他的墓碑上，由此可見它的開創意義和科學價值。

生態系統學說是現代生態學的基本理論和基本方法，本世紀生態系統學說的提出和系統

化，是現代生態學走向成熟的標誌。現代生態
系統理論論証了生物與生境之間的多向度空間
聯繫，各個層次和水平的生物體與生存條件處
在一個特定的、複雜的空間網絡之中；特定區
域的生物有機體遵循發育、繁殖、生長、衰亡
的時間系列；生物體在生態系統中形成生產、
消費、分解的結構，這個結構也是功能，使生
物體之間得以實現物質、能量和訊息的流動，
保持生物體與環境的統一；生態系統具有自動
調節的功能，透過同種生物種群之間的密度調
節，異種生物種群之間的數量調節，生物與環
境之間的相互調節，維持生態系統的穩定性和
可塑性；人的活動在自然生態系統所允許的範
圍，即使對生態系統有所干擾，自然生態系統
仍然會自行調節，基本保持原有的穩定性不至
損壞；有益於生態系統的人類活動，可以從自
然環境中得到恩惠，造福人類。現代生態系統
理論還研究了自然生態系統與社會生態系統之
間的矛盾與統一，社會生態系統各因素之間的
調適與衝突，以及全球生態系統等問題，為生

態文化研究提供了理論與方法的指導。

在生態系統理論的研究中，美國生態學家利奧波德(Leopold)建立了一套自然自我調節和大地衛生與大地道德的生態學學說。他強調指出，人是自然生態系統的一員，人只有謙恭地認識生態系統的功能，才可能進行明智的環境控制，生態環境管理的目的，主要是為保持和重建生態系統，以便維持其效力和自我更新的作用。他說：一種活動只有在它有助於保持生物界共同體的和諧、穩定與美麗的時候，才是正確的，否則，就是錯誤的。利奧波德的研究，使生態系統理論具有了某種哲學、倫理學和美學的色彩，為開拓生態文化的研究領域提供了思想準備。

(三)關於人與自然關係問題的研究

人與自然的關係問題是生態文化的研究重點。如前所述，古代的人們往往注重人與自然環境的一致性。到近現代，這種研究趨向仍然不絕如縷，達爾文的進化論、海克爾的自然創

造論、斯圖爾特的文化生態學說和利奧波德的
生態系統論都比較重視人與自然的相互適應問
題。但是，近現代關於人與自然關係問題研究
的基本傾向，往往突出人的主體作用，過分強
調人類對自然的改造和利用。前蘇聯學者維爾
納德斯基關於智慧圈(Intelligent Sphere)的
理論就是這個傾向的突出代表。他指出，在生
物圈的演化過程中，人的活動具有支配的地
位，人使生態圈發生了新的變化，即出現了智
慧圈。人的智慧對地球自然界產生了決定性影
響，這種影響突出地表現為人造地質現象。例
如，人把地球的各種化學元素造成新的化合
物，人還造出人造岩石、人造土壤、人造風積
物，還有人造水域、森林和大氣，所有這些都
以人工自然的面貌，把自然界改變為更為豐富
多彩的人為景觀。在維爾納德斯基看來，與生
態圈相比，智慧圈更為重要，它是生態圈的新
機能，是人力作用自然界的源泉，是自然界朝
向有利於人類方向發展的決定因素。

　　在這個時期，主張人對自然重在改造和利

用的還有美國學者平肖(Pinchot)。平肖是羅
斯福時代的科學家和森林部長。他與當時的自
然環境保留主義相對立,竭力主張人的智慧是
生物進化的終結,是理性的進步。在人與自然
的關係的問題上,應當服從理性主義原則,理
性原則要求人對自然加以改造和利用,這是人
類的責任。1912年美國在加利福尼亞州建立水
壩,當時的環境保留主義者堅決反對這個計
劃,而以平肖為代表的環境利用主義則主張,
建造水壩符合人類改造、利用自然的目的,綜
合開發土地和資源,是造福人類的創舉。爭論
的結果,當然後者取得了勝利。可見,在本世
紀上半葉,在人與環境關係的問題上,強調開
發、利用、改造自然的主張佔主導地位,並且
往往與政府的政策相一致。

　　本世紀上半期為現代生態文化發展的第一
階段,此期以生態圈和生態系統理論的研究為
中心,使現代生態學臻於成熟。在人與自然關
係的問題上,由於科學的發展、工業文明的成
就、殺蟲劑應用使農業獲得的豐收等,使人征

服自然的信心倍增，助長了技術萬能論和生態
樂觀主義情緒。但是好景不常，從本世紀下半
期開始，生態環境的問題突出起來，從而使現
代生態文化的研究不斷提出了新理論和新策
略，於是生態文化進入了一個新的發展階段。

　　現代生態文化可以分為三個發展階段。如
上所述，是現代生態文化理論的形成階段。從
本世紀五〇年代到七〇年代，生態學研究無論
在理論上還是在實踐上，都超出了自然生態的
界限，進入廣泛的社會生活領域，研究的內容
和方法典型地體現了生態文化的內涵，可以稱
之為當代社會生態文化階段。從本世紀七〇年
代到目前，生態文化的研究實地表現為全球的
特點，生態保護策略和生態保護運動發展為全
球的規模，可以稱之為當代全球生態文化階
段。後兩個階段研究的問題關聯密切，為行文
方便，這裡將不作分階段論述，而結合當代生
態問題、學派爭論和生態策略等問題加以綜合
說明。

第三章
當代生態問題與危機

　　現代生態文化理論的興起和發展，與其說是人類對生態文化形成的種種新觀察和新認識，不如說是出於當代生態環境問題的壓力而被迫產生的反思。這種壓力和反思隨著農業社會到工業社會，工業社會到當代社會的巨大進步，已經變得愈加緊迫和尖銳化了。現在人們已經無比深刻地感受到環境污染、生態失調、資源銳減、人口膨脹、城市生態惡化、生活品質下降、核子威脅等問題的嚴重性，研究這些問題正在成為當代最重大的課題，並且發展為一個新的思想文化運動。

一、環境污染

　　環境污染早在十九世紀就開始出現了。工業革命之後，工業迅速發展，工業廢物也隨之出現，導致了一些區域性的環境污染。例如英國在1873年、1880年、1882年、1891年、1892年曾多次發生倫敦上空有毒霧氣的事件。十九世紀的日本也曾產生足尾鋼礦排放廢水毀壞大批良田的惡果。到二十世紀，區域性環境污染事件增多，1930年在比利時的一個工業區，曾出現過嚴重的大氣污染。1934年美國發生了席捲半個國家的特大塵暴，成為二十世紀上半期美國歷史上的一次重大災害。儘管在二十世紀上半期污染事件頻頻發生，但由於當時世界人口還不算太多，生產規模也不算太大，人類活動對生態環境的惡劣影響還只是局部性的。從二十世紀五〇年代開始，由於戰後社會生產力和科學技術的突飛猛進，人口劇增，工業三廢

（廢水、廢氣、廢物）引起的環境污染事件頻頻告急，並且不斷發展成爲全球性的威脅。

環境污染是指造成危害的物質和數量超過環境的自淨能力，引起環境質量下降，威脅到人類的生產和生活的環境病態現象。據七〇年代的估計，全世界每年排入環境的固體廢物超過30萬噸，廢水約6,000至7,000萬噸，廢水中僅有毒的一氧化碳和二氧化碳就近 4 萬噸。大量的廢棄物進入環境，使大氣和水體的組成起了變化，影響到地球生物和人類的正常生活。科學實驗証明，一定含量的二氧化碳對地球氣候具有調節作用，如果它在大氣中的含量繼續增高，勢必引起全世界的氣候異常。大氣中的大量硫氧化物和氮氧化物等物質經風傳送，隨雨水降落，造成淡水酸度上升，又引起了嚴重的水體污染。瑞典的一些淡水湖泊水體中的氫粒子濃度由三〇年代到七〇年代增加了一百倍，造成了魚產量的大幅度下降。近些年來，由於海洋運輸、沿海採油、事故洩漏、廢物處理等原因，使每年排入海洋的石油及製品達 500 多

萬噸，造成了嚴重的海洋污染，使海洋生物生存受到威脅。據估計，大氣層中的氧氣有四分之一是海洋浮游生物在光合作用下產生的，它們一旦遭受損害，勢必影響到全球含氧量的平衡。

環境污染所造成的惡果是公害事件頻頻發生，而首當其衝的是工業發達國家。本世紀五○、六○年代世界上發生了五大公害事件，全部發生在發達國家，而日本在五件中就佔了四件。據統計，1961年至1976年，美國曾發生了130次水體污染事件，造成千萬人發病，甚至死亡。七○年代以來，工業發達國家開始著手治理污染，每年進行佔國民總收入的百分之二至三的環保投資，以獲得環境質量的改善，但污染問題並沒有根本解決。在發展中國家，由於受經濟實力和技術條件的種種限制，目前的環境污染正出現比發達國家還要嚴重的趨勢。

當前世界各國對舊的污染源尚未能根本消除，而新的污染因素又接踵而至。固體廢料、大氣氮氧化物、核廢料、噪音、致癌物質正在

迅速增長。在近十多年來，酸雨又成為十分嚴重的威脅。酸雨主要是煤、汽燃料和金屬冶煉排放的氮氧化物和硫氧化物造成的，酸雨對大氣、水體和生物等造成十分可怕的污染。七〇年代以來，歐洲、北美和中國都是酸雨嚴重的地區。中國受酸雨影響造成的直接經濟損失每年達40億元，間接損失 100 億元，在中國南方使糧食減產百分之十。

二、生態失調

　　生態問題早在古代就曾出現過，曾是人類文明發祥地的兩河流域和黃河流域，由於毀林墾荒，造成嚴重的水土流失，使無數的良田變成瘠土，但是真正的生態失調是現代工業社會的產物。生態失調的典型事實是大氣中二氧化碳和其他工業氣體的增加，導致溫室效應的產生。溫室效應是有害氣體形成一個透明的罩子，把地球表面的熱量阻隔在大氣層內，使熱

量難於散發，從而造成全球性的氣候變暖和一
系列的災害事件。八〇年代全球的氣溫明顯上
升，平均氣溫達到 130 年來的最高溫度。氣象
科學預測，今後幾十年內，全球平均氣溫可能
上升 1.5～4.5℃，為過去100年內提高數的五倍
至十倍，二十一世紀將會出現異常惡劣的天
氣。據研究報告，地球氣溫平均提高1.5～4.
5℃，將對水資源、海平面、農業、森林、生物
物種、空氣質量、人類健康、城市基礎設施以
及電力供應產生一系列重大影響，從而對世界
經濟造成威脅。同時，溫室效應還會造成蟲害、
風害、洪澇災害，造成冰山融化、海水上升、
海岸線後退，有些海洋小國和島嶼處於沈落海
底的危險已不是神話，而是將要面臨的現實。

　　由於環境惡化和過度砍伐墾植，森林大量
毀壞，植被大量減少，造成水土流失，土壤風
化、沙漠化，和貧瘠化加劇。目前世界上的土
壤被洪水、風暴侵蝕的速度相當驚人，全世界
現有耕地表土每年的流失量約為254億噸。美國
水土保持局調查報告，美國耕地每年每公頃流

失土量為5噸，全國為15.3億噸，這些流失的表土用火車裝載，火車長度可繞地球三周。水土流失使土壤的有機質、耕種能力和通氣性下降，土壤結構毀壞，肥力減弱，生產能力下降，靠人工施肥也不能奏效。水土流失使農田水分流失，土壤龜裂，溪水斷流，水井乾涸，又使河道淤塞，使湖泊、水庫的壽命減小，造成連綿不斷的風暴水患。水土流失和水患、河道污染，造成土壤鹽漬層上升和含鹽增加，加劇了土壤鹽漬化。據聯合國1977年統計，全世界水澆地面積的十分之一，即2,100萬公頃為積水區，由於鹽鹼化，使這裡的生產能力下降百分之二十。

　　沙漠化是構成當代生態危機的一個重要原因。沙漠化是過度放牧和砍伐森林的惡果，增加的家畜把草根吃掉，破壞了牧場的植被，使草原生產能力下降，以致退化為沙漠。森林被大量砍伐，森林調節氣候的能力下降，造成黑色風暴，加快了沙漠化過程，使大量的農田被沙漠的移動所毀掉。有關資料顯示，撒哈拉沙

漠曾是水草豐盛、牛羊滿地的草原，現在卻變成了佔世界沙漠總面積一半的大沙漠，現在這個面積仍在擴大，繼續吞沒宜農宜牧的良田。據估計，現在世界上每分鐘就有10公頃的土地沙漠化，到2000年，世界上沙漠化的土地將比1977年增加到三倍以上，損失的土地大部分在牧區，小部分在農區，而非洲和亞洲受害最為嚴重。

目前的海洋生態退化也在加劇。地球表面的十分之七為大海，海洋為立體化利用場所，資源蘊藏量遠比陸地豐富得多。由於海洋污染和過度捕撈，造成海洋資源的破壞，許多海洋生物改變了理化性質，出現了綜合病症，不再宜於食用和利用，海洋生物急劇下降，有些已瀕臨絕種。海洋是調節地球氣候的重要因素，海岸線後退，海洋污染，使它的生態效率大為降低。海洋生物對地球的生態平衡具有重要作用，它們的生態價值的下降，特別是某一種海洋生物物種的消失，對地球生態環境的惡劣影響將是始料不及的。

三、資源銳減

由於工業化和人口膨脹的耗費，以及環境污染和生態失調的自然破壞，造成了當代世界十分嚴重的資源危機。世界上的水資源百分之九十七分佈在海洋，陸地除無法取用的冰川和高山冰雪的水源外，又有一半是鹽湖和內海，所以適於人類飲用的淡水不到世界總水量的百分之一，而且分佈極不平均，多數在南美和非洲的赤道地帶。本來少得可憐的淡水資源，現在正面臨枯竭的危險。從1900年到1975年，世界人口增加約一倍，而年用水量則增長了6.5倍，其中工業用水增加二十倍，城市用水增加十二倍。一方面是淡水耗費的的高速化，另一方面又是水體污染的高速化，這兩種趨勢同時增長，世界的水荒危機是可想而知的。目前世界上缺水的國家和地區有43個，佔地球陸地面積的百分之六十。據預測，到2000年，世界將

又有很多國家和地區加入水資源匱乏的行列，未來的水荒是十分嚴重的。

世界的耕地資源正在銳減。耕地是土地的精華，關係到國計民生的基礎。世界上現有耕地13.7億公頃，佔世界土地面積的百分之十，這些僅有的耕地正在退化和減少。如果說水土流失、土地鹽鹼化、沙漠化使大量土地喪失了可耕性，因而損失了大量耕地的話，那麼，由於城市化、工業化和交通運輸事業的迅速發展，則直接擠佔了大量土地，使耕地資源銳減。據聯合國環境規劃署估計，世界每年要損失500至700萬公頃的土地，某些地區已經出現了耕地資源的危機。例如美國因修建公路、住宅、工廠、水壩，每年佔用耕地 120 萬公頃，按這個發展速度，十幾年後，美國的建築用地將相當於現有耕地的面積。在發展中國家也存在類似的情況。據預測，未來城市的發展，單是居住用地一項，就將使全世界失去14萬平方公里的耕地、6 萬平方公里的牧場和18萬平方公里的森林。

　　全球森林資源的破壞也相當嚴重。森林是
生態系統的核心,地球森林面積原爲76億公
頃,十九世紀減少到55億公頃,本世紀中葉減
少到38億公頃,到七〇年代末僅有28億公頃。
其中熱帶雨林的破壞最爲嚴重,巴西是世界熱
帶最大的林區,蘊藏著全世界木材總量的百分
之四十五,由於掠奪性開發和管理不善,目前
被毀面積高達一半。如果按現在的砍伐速度增
長,據估計,到2020年前,世界森林將減少百
分之四十,其中發展中國家的森林將蕩然無
存。森林破壞的後果是十分嚴重的。森林是複
合的生態系統,森林受到破壞,將引起全球性
氣候變化,使空氣中二氧化碳增多,全球溫度
上升,局部地區出現乾旱和高溫;引起地區性
生態退化,土壤被侵蝕,土質沙化,造成洪澇
災害;導致生物多樣性銳減,使棲息於森林的
動植物、微生物之間失去平衡,嚴重影響到調
節氣候和生態平衡的功能。

　　全球資源銳減還表現在礦物資源和海洋資
源的匱乏,動植物多樣性的喪失等許多方面。

其中動植物資源的喪失已成為忧目驚心的事
實。全世界生物品種約有300萬至1,000萬，目前
瀕臨減絕的動物達1,000多種，開花植物達百分
之十。據《全球 2000 年研究》一書預測，在森
林砍伐率低的情況下，全球生物品種估計有百
分之五將會絕種，在森林砍伐率高的地區，滅
絕比率將達百分之二十。生物品種的減絕和生
物個體的死亡，其意義是絕不相同的，生物品
種的滅亡意味著生物基本構成形態和繁殖能力
的永久喪失，這個過程是不可逆轉的，某一品
種一旦滅絕，就表示這一資源的潛在貢獻永遠
消失了。目前在整個地球上，由於人們的目光
短視和肆無忌憚的行為，可以說正在進行著一
場消滅動植物的戰爭。

四、人口膨脹

　　根據生態學理論，人口是生態圈中的最高
消費者，人口增加不能超過生態環境所容許的

限度，否則就會發生災難，不幸的是，現在這一個災難正在來臨。目前世界人口的增加正在接近地球承受的臨界點。公元元年世界人口有2億，1600年的文藝復興時代爲5億，在此期間，人口以1,000年增長一倍的速度緩慢進行。但進入十八世紀以來，隨著工業革命的到來，人口也進入爆炸性增加的時代，二十世紀初達到16億，三〇年代達到20億，1980年已經達到45億，1987年又增到50億，預計到2000年將增至爲65億。這就是說，在二十世紀的100年之內，世界人口淨增50億，這的確是一種十分可怕的增長率。

　　人口的急劇增長對生態環境和世界經濟造成了巨大的壓力和衝擊。世界的耕地本來不足，按目前的勞動生產率，每人需要約0.4公頃的耕地，人口迅速增加，到2000年就會發生嚴重的土地短缺。土地資源的短缺造成糧食不足和糧荒，現在世界上有數億人口缺糧，非洲大陸許多國家處於飢荒之中，再加上持續乾旱，這一狀態就如雪上加霜。

　　由於世界人口爆滿，能源也處於危機之中。作爲國民經濟的「糧食」和「血液」的能源消耗，正隨人口增長而日益擴大。到本世紀末，全世界能源的消耗將是1960年的六倍，本世紀最後20年所需能量，將相當人類有史以來能量需求的總和，這對於世界有限的能量儲備和開發速度來說，無疑是個巨大的威脅。

　　人口增長和經濟再生產需求的提高，使排入環境中的廢棄物驟增，超過環境允許的容量，造成嚴重的污染，生態環境退化和資源枯竭，使物質生產的天然基地和人類生存的生態圈發生危機。天然條件的退化難以再生，這無疑是人類的永久災難。英國生態經濟學家戈德史密斯（Goldsmith）在《生存的藍圖》當中指出，人口增加一倍，生態需求將增加五倍，世界有限的資源不容許生態需求這樣增加，這是目前環境問題難以應付的癥結所在。

五、城市生態惡化

　　城市是社會進步和文明發展的象徵，它作為經濟、政治和科學文化的中心，給人們帶來種種利益、舒適和享受。但是在現代城市化運動中，由於城市工業和物質文明的迅速增長，由於城市規模的急劇擴大，使城市的自然生態和社會生態問題驟然增多，城市的功能實際在下降，有些地方甚至出現了城市危機。

　　工業社會以前的城市都比較小，小型城鎮的生態結構比較合理，城鄉之間諧協互利，城市自身的調節功能得以良好的發揮。工業化帶來城市的迅猛發展，一個過快而畸形的城市化運動搖搖晃晃地來到現代社會。城市化運動帶來城市的急劇膨脹和新城市的興起，它的直接後果是城市人口爆滿。如美國以紐約、華盛頓為中心，形成了大城市群體，這個群體集中了全國百分之四十的人口，在日本的東京、大阪

和名古屋三大城市形成的大工業區，包括了全國人口的百分之三十二。第三世界的城市也在迅速擴大，墨西哥城的人口超過3,000萬，是紐約現有人口的三倍，加爾各答、孟買、開羅、漢城的人口也將達到2,000萬。現在正在興起的衛星城趨勢，使大批的鄉鎮和農業人口轉入城市，往往造成城市人口一下子成倍增的局面。

　　爆炸的城市把大量的生產和生活資料輸入自己的生態系統，形成了物質和能量的高度積聚，同時也是各種廢棄物的高度積聚，使城市成為最嚴重的污染地。現在多數城市生態淨化能力下降，塵降、污水、噪音高額超過環境標準，廢物排洩不暢，公害事件頻發，人的身心健康受到威脅。城市治理環境的投資越來越大，但是治理的速度和效率，往往跟不上污染的發展，常常顧此失彼，大環境綜合治理的工作更為艱難和巨大。

　　城市的盲目擴大，使本來已經惡化的城市生態環境，又添加了愈多的社會生態問題。現在世界上城市普遍存有居住不足、交通繁忙、

就業困難、衛生惡化、教育壓力等問題。特別
是城市消費和享樂的畸形發展和管理不善，使
城市的犯罪率普遍增高。美國的一項調查顯
示，城市犯罪率和人口規模有直接關係，25萬
人口的城市比10萬人口以下的城鎮犯罪率要高
得多，100萬人口的城市比10萬人口的城市的犯
罪率提高六倍。城市犯罪與鄉村犯罪不同，城
市犯罪往往直接危害到城市的秩序和社會生態
狀況，而城市縱火和引爆等事件的發生，則會
造成城市系統局部或全局的突然喪失，這將是
十分危險的。

六、經濟技術發展與生態環境 矛盾突出

經濟技術發展與生態環境矛盾的突出，是
現代生態危機的又一個重要原因。如前所述，
現代生態環境事件幾乎都是工業污染的惡果，
而工業污染往往直接來源於過度強化的工業技
術。例如製冷設備、發泡洗淨劑和飛機，使大

量排放的氟氯烴氣體在低空中迅速分解，在高空中與臭氧化合，奪去臭氧中的氧分子，使其變成純氧，造成了高空臭氧層的破壞。氟氯烴對大氣的污染和臭氧層的耗損，降低了人和動物的免疫功能，破壞了生物食物鏈，直接危及人和生物的健康與生存。氟氯烴污染又造成大氣溫度上升，產生溫室效應，使地球環境日益惡化。長期以來，人們盲目迷信經濟的發展和國民生產總值的提高，不懂經濟也是生態系統的變量，當它發生變化，整個生態系統就會發生連鎖反應，甚至出現畸形和失控，最終影響到經濟的增長。而國民生產總值的提高，也不等於社會進步。事實上由於環境污染，不得不增加投資來從事環境治理，治理環境的投資提高了國民生產總值，但並沒有增加社會財富和福利，反而得不償失，愈加說明了浪費和匱乏。

　　生態經濟學研究顯示，經濟學是資源分配的科學，如果不按生態經濟學規律行事，必然引起經濟成長與資源的矛盾和危機。由於人口增長的急劇需求和工業開發的無計劃性，支持

人類生存的四大資源體系（耕地、牧場、森林、漁業）正在經受嚴重的掠奪和退化。耕地每年的人均面積到本世紀末減少一倍，40年後，熱帶森林資源將可能砍伐殆盡。據預測，許多礦物資源耗費已達極限，按現在的消耗速度計算，鉻在95年後行將耗盡，而鋁和鋼只要31年和21年。如果經濟成長對自然資源的壓力得不到緩解，不但影響經濟本身的發展，並且由於不可再生的自然資源的嚴重緊缺，終將危及到人類的生存。

　　高技術污染是近20年來出現的又一個新問題。電子技術剛興起時，多數人認為它不會產生污染，現在的高技術實驗和產業產生了電子煙霧、訊息污染、計算機病毒、基因滲漏，甚至可以干擾氣候、誘發地震。高技術材料硅曾被說成是潔淨無毒的物質，但現在發現，美國硅谷地區嬰兒的先天不良比其他地區高三倍，硅谷地區工作人員患職業病比整個加州製造業工人患職業病高三倍。特別是蘇聯車諾比核電站爆炸，使核放射物質飄浮到整個歐洲，亞洲

的多數地區也受到影響，據美國報導，核污染可以在30年至35年間產生有害影響。

　　根據科學家和社會學家對科學技術副作用的研究，認為科學技術存在著一個「準解決和餘留問題」的原理。即是說，一種新技術解決的問題，只算是一種準解決，每種準解決餘留的新問題比以前的問題更難。在技術發達的社會裡，未解決的技術──社會問題聚集一處，使技術的解決成為不可能。現在的太陽能抽水、水利工程、漁業捕撈技術、太空計劃等一系列新技術成果，正在帶來嚴重的生態後果和長久的遺留問題。例如埃及在尼羅河上游建立了阿斯旺大壩，這是一項現代化工程，大壩把河流的沈積淤泥擋在壩後，造成農田貧瘠化，施加化肥，又使農田板結；水壩使尼羅河注入地中海的淡水減少，增加了海水的含鹽量；海產品減少，破壞了埃及的沙丁魚漁場；大壩周圍灌渠增多，引起了蝸牛成災，散播可怕的吸血蟲病。這就是說，大壩建築使生態問題防不勝防。現在生物技術使用遺傳基因，培養出對

人有利的新生物品種，但這些新生物一旦投放新環境，可能與環境不合，其後果或者因新生物在新環境中沒有天敵，致使新生物大量繁殖，益蟲反成了害蟲，或者因新生物技術後果不好防治，新生物品種成災之後又不好回收，增加了自然生態災害的複雜性。

　　現在國際社會高技術競爭十分激烈。高技術競爭包括高技術產業、高技術戰略武器、核武器、外層空間和兩個極地的競爭。特別是核武器和空間技術的競爭，使世界性戰爭有可能成為人類真正的威脅。許多國家都宣稱發展高技術武器是為了防衛，但是防衛與進攻、和平與戰爭的轉化常常在即刻之間，建立在高技術武器威懾基礎上的國際均勢和穩定是十分脆弱的，均勢一旦破壞，就是戰爭的來臨。高技術戰爭一旦發生，將沒有什麼勝利者。現代化戰爭將是自然生態環境和社會生態環境的驟然破壞，這種破壞遠比因經濟和人口增長對生態系統的破壞危險得多。現在高技術競爭所暗含的戰爭因素是切切實實的存在，現在世界上有一

半以上的高級科學家在研究軍事工業，高技術
成果層出不窮，技術更新日新月異，這些成就
一旦發生綜合效力，人類真正的災難也就臨近
了。

七、物質文明與精神文化失調

　　當代的生態問題反映在社會生活和精神領
域，集中表現為物質文明與精神文化的失調。
　　現代社會是物質文明高度發達的社會，社
會生產力已達到很高的水準，國民生產總值的
記錄年年刷新，人們的物質生活水準和社會福
利大大提高。現代新技術的成果日新月異，自
動生產線、四通八達的高速公路、天上地下的
方便交通、一應俱全的城市設施、高聳入雲的
摩天大樓、功能齊全的家用電器，把人們的生
活打扮得五光十色，便利而富裕。現代服務產
業和服務技術的高度發展，以及消費方式的多
樣化和快速化，促進了社會的高消費導向，信

用卡服務、電話服務、家庭服務、超支購物服
務，一方面刺激了工商業的發展，另一方面極
大地滿足了人們物質生活享受。總之，在技術、
經濟驅動力的作用下，現代社會物質文明已經
達到空前的水準，人們追求物質文化高度繁榮
的目標正在實現，社會的經濟效益正在得到充
分的表達。

　　但是，現在的精神文化狀況又是怎樣的
呢？

　　文化是一種持久的精神，是長期的、內在
的、堅固的傳統、規範、價值和行為方式的積
淀。在人類長期的歷史活動中，逐漸形成了許
多優秀的文化傳統精神，例如，注意維護人與
自然的和諧關係，堅持勤勞、節儉、奮鬥的工
作精神，採取量入為出的消費態度，以及對理
性、科學、和平、自由、公正、人道、榮譽，
義務、理想、信仰和嚴肅的生活標準、高級的
審美趣味、高尚的英雄主義的追求。這些都是
持久的精神文化財富和人類文明的偉大象徵。
在人類歷史上，精神文化與物質文明基本上是

趨於一致的，至少沒有出現嚴重的脫節。例如在資本主義的早期階段，社會提倡勤勞、節儉、寡欲、理性和嚴肅的人生態度，這種精神文化保証了早期資本主義累積財富和工業文明建設，這種精神文化和物質文明的一致性，既促進了社會的進步，又保持了精神文化的健全。

　　然而，上述的文化精神和歷史傳統，在今天卻遭受到嚴重的挑戰和腐蝕。現在許多西方學者研究了當代精神文化與物質文明的脫節現象，提出了許多卓有見地的看法。例如，美國著名學者卡恩提出，在現代社會出現了精神文化早熟的現象，在許多富裕的有閒階層和自由派知識分子中間，產生了一種普遍的反對科學、批判理性、仇視技術的思潮，他們醉心於幻想和自戀，對愛國心、榮譽、勇敢、忠誠、奮鬥、自重缺乏興趣，對社會進步、未來理想、英雄形象無動於衷，以違背紀律、社會價值和行為規範為能事，這種思潮與社會經濟活動格格不入，成為當代社會的一個矛盾和危機，加深了社會的不穩定性。

美國另一位著名學者貝爾（Daniel Bell）批評了當代精神文化墮落爲消費文化和享樂主義的傾向。由於經濟驅動力和消費導向的影響，現代文化淪爲物質文明的奴婢，文化成爲物質消費和感官享樂的代名詞。這種文化表現在許多方面：

1.直接等同於商業和商品，用廣告商、挿圖畫家、室內裝潢師、同性戀夥伴的種種發明，代替嚴肅的文化創作，以文化贋品向人們提供消費生活方式。

2.抹煞文化創作與現實生活的界限，用簡單的模仿代替精神產品的創造。例如用香煙、手、嘴巴和煙霧融於一體的煙欲刺激畫，用五萬平方公尺的莊稼地表現豐收的繪畫，用全裸女子的肉體代替畫布，在裸女身上塗料作畫，以及把人變成甲蟲，藝術家和米老鼠等量齊觀，這些作品在現代主義的普普藝術、大地藝術、環境藝術和表演藝術中比比皆是。

3.把追求感官快樂當作唯一的目的。現代主義反對壓抑和性禁忌，認爲新文化在於表現

本能的瘋狂和肉欲的快樂，把秘而不宣的私生活和隱蔽行為直接公開於大庭廣眾之中，甚至把男女之間的互觸、試探、撫弄當成現代醫療、心理學和舞台藝術的內容。與反生產文化思潮一樣，現代主義文化傾向同樣是精神文化的畸形發展，造成了生產與消費、工作與消遣、物質文明與精神文化正常秩序的破壞，危及到社會的進步和人類長遠利益的實現。

除物質文明與精神文化失調外，當代有遠見卓識的學者，還揭示了全球性的社會生態問題。諸如通貨膨脹、短期行為、保護主義、政治對抗、軍事競爭、干涉內政、武裝侵犯、自私不公、社會異化、吸毒犯罪、恐怖暴力、迫害戰犯等。還有，發達國家貿易壁壘森嚴，發展中國家嚴重的債務和飢餓；南北懸殊突出，富人變得更富，窮人得到更多的孩子；世界各國為提高綜合國力，加強經濟競爭和對資源的掠奪；愛國主義損害國際利益，現實利益犧牲了子孫後代的利益，嚴重影響到世界未來的利益；發達國家的文化教育畸形發展，發展中國

家存有11億文盲，造成人才資源的極大浪費，對世界文明形成威脅；世界一體化步伐加快，使民族文化受到損害，民族多樣性有喪失的危險；工業強國佔有世界大部分資源，又推卸保護環境的責任，發展中國家處於維護環境和增長經濟實力的兩難選擇，犧牲前者，加強後者，又使經濟發展蒙受長期的環境負擔。更為嚴重的是，上述種種問題具有綜合性特徵，自然生態、社會生態、社會問題糾纏在一起，呈現為全球的規模和嚴重的情勢，往往牽一髮而動全身，使問題的解決困難重重。上述問題往往又為集團利益和國家利益所掩蓋，悲觀主義和樂觀主義的爭論，使問題變得更加似是而非，更加複雜化了。由此可見，當代世界的社會生態問題是相當嚴重的、尖銳的，應當引起人們的高度重視。

第四章
生態文化派別與爭論

　　自從本世紀以來，特別是本世紀五〇、六
〇年代以來，隨著生態環境問題的突出，引起
了世界各國，首先是西方發達國家的普遍重
視。在世界範圍內，許多生物學家、生態學家、
工程學家、社會學家以及社會活動家在廣闊的
視野上，對生態環境問題進行了大量的調查和
研究，並逐漸形成了有關生態理論和生態保護
的不同觀點和派別，如唯生態派(Ecologism)、
生態意志派(Theory of Eological Will)、生
態保護主義 (Conservationism)、環境利用主
義 (Environmental Utilitism)、生態倫理學
(Ecological Ethics)、生態美學 (Aesthetic

of Ecology)、發達國家生態文化觀、發展中國家生態文化觀等。這些派別和觀點都以各自獨到的理論體系和鮮明的學派傾向，頑強地表現自己的存在，並且形成了學派和觀點之間的爭論。從六○年代以來，各種生態理論觀點和派別比較大的爭論可以概括爲三次，即六○年代生態保護主義和環境利用主義的爭論，七○年代唯生態派和生態意志派的爭論，九○年代西方生態觀和發展中國家生態觀的爭論。這些爭論傳達了生態環境理論、生態文化觀念和生態保護策略等十分豐富的訊息，對全球的生態文化發展和生態保護運動產生了十分重要的影響。

一、六○年代生態保護主義與　環境利用主義的爭論

㈠卡遜的生態保護主義

　　鑒於五○、六○年代的環境污染在發達國

家已造成了影響，許多西方國家展開了以防治污染和公害爲重點的研究，並隨之產生了生態保護主義學派和代表，美國的女生物學家卡遜（Cason）爲此做出了突出的貢獻。卡遜的《寂靜的春天》是生態保護主義的代表著作。在這本著作裏，她透過描寫殺蟲劑造成的交叉、連續污染的事實，說明了污染對人類帶來的危害，闡明了人類與大氣、海洋、河流、土壤、動植物之間的密切關係。

在《寂靜的春天》裡，卡遜適用生態學食物鏈的原理，揭示了殺蟲劑DDT中的毒素聚體和傳播過程。DDT是德國化學家於1872年合成的。1937年瑞士科學家穆勒（Mill）發現了它的殺蟲效力，從此被譽爲可根治害蟲傳播的強力對手，成爲農業增產的救星，穆勒因此獲得了諾貝爾獎金。DDT開始使用時，人們並不知道它的危害，卡遜經過調查和研究，發現它是同類殺蟲劑中最爲險惡的污染源。例如在苜蓿地撒上DDT粉，苜蓿是雞飼料，雞生的蛋也含了DDT。牛吃了苜蓿，牛奶也含了DDT。更大的

危險在於，如果牛飼料的DDT含量是百萬分之
七點七，食用這種飼料的牛的牛奶中DDT的含
量會達到百萬分之三十，而用這種牛奶製造的
奶油裡，DDT的含量就會達到百萬分之六十
五。DDT經過這樣一個轉移過程，本來含量很
小，後來由於濃縮而逐漸提高，表現出嚴重的
潛在毒害作用。

　　卡遜用大量生動的事例描寫了DDT呈鏈
狀污染的過程。DDT首先造成大氣和土壤的污
染，污染物透過雨水、土壤和岩石滲到地下，
形成了地下水污染，地下水進到井裡、河流和
海洋，又形成危害動植物和人類的污染源。這
個鏈狀污染從一個環節進入另一個環節，鏈狀
永無止境，污染循環不止。當一個污染源被切
斷，污染還會繼續下去。例如，當一個水面在
停止使用殺蟲劑23個月後，在水體裡已經找不
到它的痕跡了，但在與這些水體有聯繫的鳥、
魚、蛙和浮游生物中，仍然可以發現有很高含
量的殺蟲劑成分，其濃度超過水體藥物的許多
倍，而且會一代一代地傳播下去。

　　DDT等殺蟲劑對生物和人的危害是相當
嚴重的，它的危害主要是破壞生命有機體內的
酶。根據動物實驗証明，百萬分之三的藥物可
以阻止心肌裡酶的活動，百萬分之五的藥物可
以引起肝細胞壞死，使殺蟲劑真的成了殺生
劑。卡遜指出，DDT被廣泛應用之後，更多的
有毒藥物不斷出產。根據達爾文適者生存的理
論，昆蟲可以向更高級進化，以獲得對殺蟲劑
的抗藥性，因此不得不再發明殺死昆蟲的新藥
物，昆蟲再度適應，或者進行報復，害蟲數目
增加更多，更加強烈的藥物又被發明出來，這
種惡性循環永無止境。自十九世紀中期以來，
像DDT這樣的藥品有200種之多，它們被農
田、果園、林木和家庭所採用，可以殺死每一
個「好的」和「壞的」昆蟲，使鳥兒唱歌和魚
兒歡躍寂靜下來，樹木披上一層致命的薄膜，
並且透過大氣、河流、土壤、海洋給所有的生
命帶來危害，最後可能使大地充滿生機的「春
天」，變成「寂靜的春天」。

　　在《寂靜的春天》一書中，卡遜研究了解

決害蟲的方法問題。她舉例有一種吉卜賽蛾，雌蛾體笨，只能爬行，但它可以釋放一種性腺體氣味，把雄蛾從遠方吸引過來。現在可以採用飛機播撒性引誘劑的方法，迷惑雄蛾，改變其飛行方向，斬斷它們交配繁殖的機會，以此來消滅特定地區的害蟲。後來研究出仿生物超聲波方法、微生物殺蟲方法、引進生物天敵方法等來消滅害蟲，就是卡遜講的生物控制方法的應用。卡遜指出，幻想人為地控制自然，使自然界為人類的方便而存在，這是人類的妄自尊大，用化學武器武裝人類來對付自然和生物，是威脅大地和人類的巨大不幸，我們必須與其他生物共享這個地球，小心翼翼地把自然界和生物引導到合理的軌道，建立人類與昆蟲和其他生物群落的和諧，在這種前提下，才可能解決生態環境的污染問題。這是卡遜在《寂靜的春天》裡提出的主題和結論，也是本世紀五〇、六〇年代環境保護的主要問題和主要任務。

(二)美國的環境利用主義

卡遜《寂靜的春天》於1962年發表後，在美國引起了一場爭論，即生態保護主義和環境利用主義的爭論。

環境利用主義產生在戰後。戰後的有利形勢，使美國掌握來自歐洲、亞洲和世界各國的大批優秀人才。同時，科學技術的長足進步，生產效率的大幅度提高，DDT等化學藥物發明取得了控制害蟲的暫時勝利，所有這一切都使人感受到人類智慧的力量和科學技術的萬能，增強了征服自然和利用環境的無限信心，於是在美國出現了環境利用主義思潮和派別。

美國環境利用主義的代表人物是平肖和蘇珊‧福萊德（Susan Flader）。作為科學家和森林部長的平肖，在他周圍集中了一個由知識份子和受過專業訓練的政府官員組成的「科學智囊團」，他們被稱為「改良達爾文主義者」，強調進化過程最終結果是人類智慧的進化，人作為有理性的動物，有責任克服自己的動物天

性，重建整個人類共同體所需要的自然和社會環境，主張人類的第一職責是控制他們生活其上的地球。福萊德的環境思想主張活躍在六〇年代和七〇年代初，她主張在處理人與自然的關係時，除應具有的小心謹慎外，還要有信心發現各種發揮人類創造的新能力和新方式，以通往人類理想和幸福大道。

平肖等人的環境利用主義代表了當時美國官方的生態觀，在這種觀點的支配下，與卡遜的生態保護主義的爭論就是不可避免的了。當時美國的環境利用主義在工業和經濟領域表現為工業保護主義，主要以化學工業界、生產殺蟲劑公司和拿公司津貼的科學工作者為代表。他們出於偏狹的目的，不願接受卡遜揭示的真理，不顧生態破壞的嚴重事實，進行反調查來証明殺蟲劑的功勞，宣傳殺蟲劑在消滅疾病和解決糧食增產中的作用。他們把卡遜污衊為生態恐怖主義者，稱她的書是偽科學，她的主張是反對公共衛生計畫，甚至進行人身攻擊，說她「以巧舌如簧的天賦」，搞什麼無聊的玩意

兒，「整個心思對性情節想得著了迷」。

　　當然，卡遜的觀點也不乏支持者，當時有許多人稱卡遜的著作是「改變美國的書」，稱卡遜揭示的事實，不僅在殺蟲劑問題上切中時弊，更重要的是揭示了污染對生態環境的潛在危機，觸及到二十世紀中期科學問題和人類生存的重大課題，特別是傾注了一種新的科學觀念，即生態意識。《寂靜的春天》帶來生態保護主義和環境利用主義的爭論，是二十世紀中期生態文化發展中的重大事件，它發出一個訊號，說明生態環境問題成了社會問題，預示了建立新的自然觀、文明觀和發展策略時代的到來。儘管有人反對卡遜的觀點，但它已以一種不可抗拒的真理之力量，在美國，甚至在全世界產生了不可低估的影響。在美國，國會在1969年通過了「國家環境政策法」，建立了改善環境質量委員會，改善生態環境的舉措接二連三地展開起來。

二、七〇年代唯生態派與生態 意志派的爭論

　　七〇年代以羅馬俱樂部爲代表的唯生態派 與以卡恩爲代表的生態意志派的爭論，即生態 悲觀派與生態樂觀派的爭論，反映了當代生態 文化思潮和學派紛呈的局面，同時突出地表現 了生態文化研究和討論的全球性規模和意義， 並且至今還在產生著巨大的影響。

(一)羅馬俱樂部的唯生態派觀點

　　羅馬俱樂部以美國學者米都斯爲首，組織 七個國家的17名青年學者於1972年寫成和發表 了《成長的極限》的著作。該書不是專門研究 生態環境問題的，但它站在更爲廣闊的視野觀 察生態環境問題，無疑成爲當代生態文化的權 威性著作。

　　在生態環境問題上，該書的突破性研究表 現在以下一些方面：

　　第一，首次提出人口增長、環境污染和資源耗費的指數增長趨勢。該著作在經濟、資源、糧食、人口、污染五個要素的關係互動中研究生態環境問題，指出環境惡化隨其他要素一起構成反饋環路，環路的運行呈惡性循環：人口沒有糧食就不能生活，糧食生產隨資本增長而增加，更多的資本需要更多的資源，被拋棄的資源形成污染，污染又擾亂了人口和糧食的增長。在這個惡性循環中，人口、污染和資源耗費都按非線性增長的指數速度增長。例如世界人口在1650年爲5億，增長率爲百分之零點三，即250年翻一番；1970年則達到36億，增長率爲百分之二點一，即33年翻一番，世界人口呈指數增長趨勢。在本世紀七〇年代，大氣二氧化碳污染的年增長率爲百分之一點五，能源耗費的年增長率爲百分之一點三，都呈指數增長率。

　　第二，揭示了生態過程污染的滯後效應。該著作指出，污染物排放與它的有害結果之間有一個長期滯後期，從控制污染到有害結果消

除更是一個滯後過程，從停止排放污染物的時候起，生態系統的污染還會繼續存在。在滯後效應的作用下，污染往往會變得更糟，污染危害的長期性影響是不可想像的。

第三，肯定了生態環境污染、資源耗費和人口爆炸的全球性危機。著作中指出，本世紀五〇年代開始，污染在發達國家成為公害。七〇年代工業國開始治理污染，並取得了一定的進展，但是污染源並沒有得到根除。現在多種類型的污染在全球範圍迅速擴大，污染、人口和資源短缺同時在增長。更為可悲的是，至今人類還不知道地球承受污染和爆滿人口的上限，相反地，資源在急劇減少，根據現在有些資源的年減率，某種資源的全球性枯竭的限度指日可待。當代世界科技、經濟、貿易迅速走向一體化，但是在解決人口、資源和污染的問題上處於無政府狀態，各國大多關心自己眼前的利益，很少有人對全球問題真正負責，從而增加了全球生態環境改善的難度。

第四，除肯定全球性污染、人口和資源匱

乏的問題外，該著作還揭示了當代觀念陳舊和
社會邪惡等諸多的社會生態問題。羅馬俱樂部
認為，現代許多陳舊、傳統的價值觀念是造成
自然和社會失衡的重要原因。諸如，堅信自然
界有取之不盡、用之不竭的無限資源，是人類
改造、戰勝和奴役之對象的自然觀；世界上的
財富是無限增長的，社會進步是對無限物質財
富的開發和佔有，高額消費物質財富是人類生
活目的之物質文明觀；科學技術是文明與野
蠻、進步與落後的分水嶺，科學技術沒有解決
不了的問題的科技萬能論；國民生產總值是衡
量社會價值的標準，不惜污染環境和浪費資源
提高國民產值就是社會進步尺度的工業價值
觀；把民族利益永恆化，把國家體系絕對化，
犧牲人類共同利益以保全民族和國家權利的民
族國家觀。以上這些陳舊的、傳統的觀念不但
增加了改變世界生態環境的艱巨性，並且成了
促使社會邪惡的思想根源。羅馬俱樂部還列舉
了世界範圍孕育著經濟動亂、科學技術反人
道、個人主義和享樂主義造成生活質量下降、

道德規範失調等多種社會生態混亂的現象，社
會生態問題和自然生態問題的結合，加劇了當
代全球性危機。

　　羅馬俱樂部成員並不迴避他們的悲觀主義
立場，他們認為，如果世界人口、工業化、污
染、糧食生產和資源耗費繼續惡性循環，有朝
一日，就會引起世界的衰落，這就是全球危機
和人類困境的來臨。至於怎樣解決全球的生態
問題與危機，羅馬俱樂部主張，必須提高人的
精神素質，用全面生活質量的觀點代替人們對
物質增長的過分需求，用人民福利和環境效益
代替單純的工業價值，用全球和諧代替過分膨
脹的民族國家權利，用以生態意識為核心內容
的新人道主義、新哲學、新道德和全球文化的
新秩序武裝人類，並指導人們的行動，才能爭
取人類健全和美好的未來，否則定會難逃厄
運。羅馬俱樂部用生態主義來概括世界問題，
用生態文化來建設未來社會的觀點，被稱作唯
生態派觀點。當今時代主張這種觀點的不在少
數，而羅馬俱樂部是最典型的代表。

羅馬俱樂部的唯生態主義和悲觀主義觀點在世界上引起了軒然大波，並且造成了激烈的爭論。在莫斯科和里約熱內盧的兩次國際會議上，許多人批評羅馬俱樂部的觀點，在阿姆斯特丹出現了《反對羅馬俱樂部》的著作。對羅馬俱樂部的理論進行系統批評的是美國的赫德森研究所。1976年赫德森研究所以卡恩為代表發表了《下一個200年──關於美國和世界的情景描述》的著作，對《成長的極限》的觀點進行了逐條的批駁。與羅馬俱樂部的文化整合生態環境的唯生態主義相反，卡恩主張以經濟成長和技術進步來解決生態環境問題，因此卡恩成為靠科技進步改善生態環境的生態意志派的代表。

(二)卡恩的生態意志派觀點

從科學技術改善生態環境的原則出發，卡恩在《下一個200年──關於美國和世界的情景描述》的著作中，針對羅馬俱樂部提出的生態環境問題逐一提出了不同的觀點：

1.關於環境污染問題。卡恩承認工業為生態環境帶來不少的問題和危害，但他認為，它們在社會進步中可以得到解決，經濟成長在控制生態環境污染方面有足夠的力量和資金，技術更是遏制污染的關鍵因素。技術生產了污染大氣的汽車，同樣能夠生產較少污染的汽車，現在的發達國家污染已經得到不同程度的控制，這是大家都感受到的事實，未來技術的進步，生態環境必有更大的改善。他預計，近期的生態環境不會出現再大的問題，200年之內會有一個令人滿意的環境，長遠看將越來越好。

2.關於資源問題。卡恩認為羅馬俱樂部關於資源的種種預測和結論是靠不住的，根據另外的預測，証明煤、石油、天然氣、油頁岩和焦油砂五大石化燃料的儲量足夠全世界百年之用，而這僅僅是地球潛在能源儲量的五分之一。現在能源的利用率比較低，只有百分之三十五，下世紀初，新技術可望將有效熱量利用率提高到百分之六十，在今後200年，全世界能源的開採、轉化、傳送和利用率可以提高四倍。

從長遠看，新技術將在新能源群體方面取得突破、風電、太陽能、生物熱源、海洋熱能、氫氣燃料和巨輪儲存與傳送等技術將達到很高的水準。新能源具有種種潔淨的優點，可使空氣的污染減少到最低限度。

　　3.關於人口問題。與羅馬俱樂部的人口指數增長的觀點不同，卡恩認爲人口不可能直線增長。前工業社會的人口增長緩慢，工業社會的經濟、衛生和安全條件的改變，世界人口有了大幅度增加，但進入成熟的工業社會以來，撫養子女費用上升，以及種種新價值觀和生活方式的建立，人口增長率也會降下來。目前發達國家的出生率已經下降，從發展的趨勢看，發展中國家也將經歷同樣的過程。隨著未來科學的進步，人造浮海工程、海洋城市、太空工廠都可能實現，人類將有廣闊的活動空間，地球的人口壓力必然會有減低。

　　4.關於不平等問題。卡恩指出，企業用停止經濟技術成長來消滅世界範圍的貧富差距，這種主張是不現實的，也是不可取的。貧富差

距不一定是壞事，反而是促進發展中國家經濟技術發展的動力。現在的世界差距不是窮者更窮，而是富者更富。他引用已故美國總統甘迺迪的話說：由於富國的存在，一旦遇到所謂災難問題的世界性漲潮，可以送所有的船隻揚帆出航。當前世界最重要的問題是消滅絕對貧困，而不是消滅相對差距，這是國際社會秩序和社會生態的一種新觀念。他預計，在今後百年之內，貧窮國家的每人平均生產值可望達到四千美元，發達國家可達到四萬美元，這個比例是1：10，而現在世界每人平均生產值在發展中國家與發達國家的比例是1：60，這種變化將會十分可觀。而減緩增長，會使窮國繼續貧窮下來，加大窮國與富國之間的緊張關係，世界社會生態秩序反而會進一步惡化。

　　卡恩指出，社會進步可以應付災難，技術是社會進步的先鋒，我們還有充裕的時間去取得進步。技術發展的過程會付出代價，就像為文明做貢獻的浮士德一樣，既為文明效力，就要做下去，以防被魔鬼帶到地獄，不在技術進

步中找出路，企圖延續甚至遏制技術的增長，才是人類眞正的地獄。贊同卡恩觀點的還有歷史進化論派、後工業社會派、第三波派等，它們以樂觀主義的生態文化思潮，在現代同樣產生了廣泛的影響。

　　羅馬俱樂部的唯生態主義和卡恩的生態意志主義的爭論，是現代生態文化思潮和生態文化史中的一次典型的爭論，涉及的問題之多，參加者之衆，對各國政府和整個世界的生態策略影響之大，都是空前的。必須強調指出，儘管羅馬俱樂部和卡恩派的觀點如此不同和尖銳對立，但兩者都承認生態環境問題的存在，只是程度不同而已，對此他們都表示了同樣的關切。同時，羅馬俱樂部關於全球生態環境問題的憂患意識和文化整合生態環境的策略，卡恩關於解決生態環境問題與經濟成長和技術進步同時並舉的原則，兩者共同構成了觀察和解決當代生態環境問題的完整思路和方針。面對同一個問題，只有兼顧憂患與信心、策略與戰術、文化與技術，才不致失之偏頗，而易於取得最

佳的效果，因此可以說，羅馬俱樂部和卡恩對
於解決全球生態環境問題和危機，兩者都做出
了自己的貢獻。

三、九〇年代西方生態派與發
　　展中國家生態觀的爭論

　　1993年在巴西的里約熱內盧舉行了「環境
與發展」國際會議，有170個國家參加，102個
國家元首、政府首腦和聯合國、國際組織領導
人出席，是國際範圍討論生態環境問題的空前
盛會。大會曾出現西方國家與發展中國家關於
生態保護問題不同觀點的爭論。主要爭論兩個
問題，即全球生態保護的責任問題和環境保護
與經濟發展的關係問題。

　　西方國家與發展中國家在生態環境責任問
題上的爭論，在七〇年代就有反映。例如有人
提出，與發展中國家相比，發達國家消耗蛋白
質、原材料和燃料資源的數量十分巨大，造成
的環境污染相當嚴重，一個美國人對環境造成

的影響比一個印度人要大25倍，因此發達國家
有更大的環境責任。西方國家與發展中國家在
環境責任問題上的爭論在八○年代有了新的發
展，九○年代達到高潮，在1993年「環境與發
展」世界大會上得到集中的反映。

　　關於環境主要責任者問題，在發達國家彼
此之間和發展中國家之間均有明顯的分歧。歐
洲共同體認為，工業發達國家應對全球環境惡
化承擔責任，發展中國家應對當地和區域的環
境惡化承擔責任，歐洲共同體並與日本一起，
同意採取措施，到2000年把二氧化碳的排放量
降低到1990年的程度。英國的態度比較明確，
認為全球環境惡化是發達國家造成的，因此應
當承擔主要責任。美國同意在保護全球生態環
境中發揮領導作用，但在責任問題上，從本國
利益少受損害的原則出發，態度比較曖昧，對
執行限制二氧化碳的排放量規劃不夠堅決。日
本主張在全球環境保護工作中發揮主導作用，
做出積極貢獻，為提供環保經驗、經費、人才
和國際合作進行努力，但在主要責任者問題

上，不作明確的表示和承諾。許多發展中國家
認為，作為第三世界國家，應當在經濟和社會
發展中重視環境問題，積極參與國際合作。造
成環境惡化的責任，在國際社會有共同性，也
有特殊性，而發達國家應負主要責任，有義務
率先採取措施，在實質性條件上多做貢獻。

　　在這次世界大會上，還討論和爭論了環境
保護和經濟發展的關係問題。發達國家認為，
全球環境問題是當代世界十分尖銳和至關重大
的問題，它影響到世界經濟發展、社會進步和
生活質量，發達國家對解決生態環境問題的要
求，看得比經濟問題還要緊迫和重大。發展中
國家認為，發展經濟是首要的，環境保護雖是
不能忽視的，但屬次要的問題；發達國家關心
改善生活品質問題，發展中國家則更關心工業
資金、技術、糧食和房子問題；發達國家不要
把自己關於生態環境的觀點強加給第三世界，
限制這些國家經濟地位的改善，更不要藉口保
護世界資源，限制第三世界對國家資源的利
用；發達國家有責任和義務向發展中國家提供

經濟援助，幫助擺脫貧困，這是形成國際良好
環境的前提，在具體的環境保護工作中，富國
應向窮國提供先進的防治技術和優惠的資金支
持。

　　上述爭論代表了西方國家和發展中國家在
當代全球生態環境問題上的不同觀點。這些不
同的觀點反映了南北之間經濟發展和社會狀況
的差別。差別是長期存在的，因此爭論還有可
能長期討論下去。但從這次國際會議的基本傾
向看，共同的議題超過了不同觀點的爭論，這
一點讓人留下強烈的印象。國際大會在許多問
題上取得了共識，大家都承認生態環境退化和
某些危機的存在已經成了全球性問題，各國在
保護全球生態系統的健康和完整性方面，面臨
著共同的任務，建立一種新的、公平的夥伴關
係，實行全球性參與與合作，是使全球生態環
境得以改善的基本前提。大會一改過去生態環
境問題的討論觀念性太強、爭論性太多、務實
性不足的現象，特別強調採取切實的治理策略
與方針，實行國際的、地區的和國家之間的合

作，在研究、資金、技術、人才、組織等方面
努力解決問題，表現了突出的務實精神。

第五章
當代世界的生態策略

　　1977 年人類環境會議通過的《人類環境宣言》指出，在當今的歷史階段，要求人們在規劃行動時，必須審愼地顧及到將給人類生存的環境帶來的後果，爲建設一個好的環境，爲當代和後代子孫保護環境，已成爲人類迫切的任務，這個任務與世界和平、經濟建設和社會進步的目標是一致的，爲實現這個任務，每個公民、團體、國家政府都要切實地負起責任，開展生態問題的研究，制定正確的環境政策，實行廣泛的國際合作，採取有效的行動規劃。《人類環境宣言》爲當代世界的生態保護提出了指導性原則。根據現代生態文化的發展和生態保

護的實務經驗，可以看到，解決生態環境問題，
絕不是簡單的技術問題和局部問題，而是一個
策略問題，必須從根本上改變人的傳統觀念和
生活方式，協調人與自然、經濟技術成長與生
態環境建設、國家利益與世界利益、現代利益
與後代利益等一系列關係，實行防治與綜合利
用的結合，技術治理與包括立法、管理、教育
等在內的文化治理的結合，研究與參與的結
合，國內與國際的結合，總之，實行生態保護
的綜合策略，才可能從根本上改善當前的生態
環境狀況。

一、當代生態策略的主要特徵

(一)生態策略建構的整體性

　　整體性是現代生態文化的核心，也是生態
策略構建的核心。現代生態環境理論和實踐的
發展，越來越顯示出自然生態系統、人與自然

的關係，以及生態保護和建設各要素之間的整體性特徵。長期以來，人們觀察自然現象流於簡單化的方式，例如只從地球範圍內考察生態問題，因而不能得出正確的結論。現在從地球、太陽系和銀河系的整體結構來考察，發現太陽系節律是由太陽在銀河系中的運動狀況造成的，這種運動狀況每隔一個時期將使全球出現地質危機和生態危機。這說明整體性原則在研究生態問題中的重要意義。現在人們已經愈加清楚地認識到，自然系統和社會系統是個整體，自然系統和社會相互關聯，不斷進行物質、能量和訊息的交換，以維護其整體的存在和動態的平衡。自然生態和社會生態各要素之間也是一個整體，諸如污染、資源、生產、人口、技術、政治、文化、未來，以及各種有關觀念之間相互聯繫和影響，其中任何一個要素的正反變化，都會對生態環境和保護的全局產生影響。

整體性原則是生態策略構建的根本原則之一。近二十年來，世界各國政府、環保部門和

專家學者在不斷加深對這種整體性認識的基礎上，提出了生態環境建設的新思路。比如：

　　1.從環境整體性出發，促進生態學與系統工程學的結合，建設大系統生態學和系統工程生態學。

　　2.加強生態規劃的整體性建設，促進環境、社會、經濟、技術等效益結構的合理化，和工、農、林、牧、漁等產業結構的合理化。

　　3.強調人與自然的適應性和能動性的雙重原則，重視生態環境建設中的整體性評價。

　　4.提倡自然科學家和社會科學家聯盟，展開生態環境建設中自然科學、技術科學、社會科學的整體性研究，加強生態文化的立法、教育、道德管理和預測的整體性建設。

　　所有這些都豐富了生態環境科學的理論與經驗，爲全面生態策略的開展提供了指導。

(二)生態策略方法論的系統性

本世紀中葉不斷形成的系統論(System Theory)、訊息論(Theory of Information)、控制論(Cybernetics)和協同論(Theory of Coordination)、突變論(Theory of Mutation)、耗散論(Theory of Dissipation)，都可以用系統論的核心來進行概括。系統論從事物的形式、結構、功能和關係來考察對象，把系統內的各個部分和要素都看成是一個相互聯繫、相互作用和動態變化的開放體系。以系統論和系統方法考察生態文化系統，就是把生態文化系統視為一個超巨系統來研究，從整體、動態和訊息的傳輸及處理的方法出發，研究生態過程中整體與部分、部分與部分、系統與環境之間相互作用的規律，以便根據對系統規律的認識，採取最佳的方案，解決所提出的課題。

現在大家都說環境治理是個系統工程，這就說明了系統論對制定現代生態策略的重要意義。解決一個國家的生態環境問題，特別是解

決當代世界的生態環境問題，必須綜合考察自
然生態系統各要素之間、自然系統和社會系統
之間，以及它們與觀念世界各要素之間的相互
制約、相互干擾、相互促進、相互協調的複雜
關係和集體效應，並且運用統計結果和平均量
度方法，進行統籌兼顧的綜合論証，才可能制
定完整與合理的生態策略和對策，有效保護生
態環境。由此可見，現代生態策略從本質上是
系統方法的體現，只有使生態策略以系統方法
論為指導，才能保証現代生態的科學性和時效
性。

(三)生態策略規劃的全球性

　　如前所述，現代的生態問題和危機已經發
展為全球性的規模，任何一個國家和地區在生
態環境方面的失誤和破壞，都可能對全球的生
態環境造成重大影響，而某一個國家和地區對
生態環境的局部治理，對全球生態狀況的改變
都不起關鍵性作用。這就是說，當前的生態環
境建設，必須著眼於全球的整體和系統，制定

全球性的生態策略規劃，實行各個國家和地區的通力合作才能奏效。

　　生態策略規劃的出發點，是全球意識(Global Sense)、地球村公民意識、全球參與意識和人類生存的未來意識。只有從全球的環境與改善、人口的失常與控制、地區的懸殊與共榮、戰爭的危險與制止、世界的現代化與傳統、人類的進步與挑戰、歷史的經驗與教訓、人們的信心與擔心以及現實的危機與機會等方面，進行綜合的考察和全面的論證，才能制定符合人類根本利益以及發展方向的生態策略規劃。現在只發展出全球學(Global Studies)、未來學(Futurology)、發展策略學(Studies in Development Strategies)以及全球文化學(Studies in Global Cultures)等新學科，這些學科都把全球生態問題視為一個重要內容來研究，並為全球生態策略規劃的建立提供了理論和方法的指導，是生態策略規劃研究的重要成果。1974年聯合國環境規劃署在墨西哥舉行了「資源利用、環境與發展策略方針」討論會，

這是關於全球生態策略規劃的世界大會。會議
強調指出，協調環境與發展目標是世界生態策
略的方針，全世界環境管理的重要內容是制定
生態策略規劃。大會提出了建立一系列環境計
劃和規劃的內容框架，它們包括工業交通污染
防治計劃、城市污染控制計劃、流域污染控制
計劃、自然環境保護計劃、環境科學技術發展
計劃、環境教育計劃和區域環境規劃等，這些
計劃和規劃的提出，反映了全球生態策略的發
展趨勢，爲各國生態策略規劃的制定提供了指
導。

二、當代世界生態策略面面觀

㈠污染治理與綜合利用

　　本世紀七〇年代初以前，可稱作公害氾濫
期。在這個時期，多數工業發達國家採取了治
理大氣、水體、固體廢料污染，控制地面沉降

等治理活動，使污染問題得到一定程度的控
制。隨著治理污染工作的深入，人們逐漸認識
到，先污染、後治理的辦法是消極的、單項的、
局部的治理，只能是頭痛醫頭，腳痛醫腳，治
標不治本，反而會使生態環境危機有愈演愈烈
之虞，治理污染要防微杜漸，未雨綢繆，對已
經出現的問題採取整體的治理，並著眼於有益
於利用的方針。於是從七〇年代開始，世界各
國，特別是工業發達國家逐步實行了綜合治
理、開發利用和預防治理的新策略。

　　近二十年來，不少國家在綜合治理方面做
了大量的工作，創造了豐富的經驗。例如，對
大氣污染的治理，採取了規劃合理的工業佈
局，選擇有利的污染源排放地點，區域集中供
熱、供暖，改變燃料結構，綠化森林，淨化空
氣等綜合性措施。對於水體污染的治理，注重
水資源管理、實行廢水的淨化處理、合理使用
農藥化肥、發展高效低毒低殘留農藥、消除重
金屬物質的污染。爲實行整體治理策略，日本
提出並實施了工業基地建設與控制公害同時兼

顧的政策，從工業基地建設的起步階段，就儘量減少污染因素；美國在一些工業區規劃了污染控制區，並從項目審定、污染源處理、廢物回收、技術監測、明令警報、行政管理、經費預算等方面進行綜合治理。這些措施都使污染被控制在最低限度，提高了環境質量，爲綜合治理提供了示範。

在綜合治理中，有效的預防治理可以及時捕捉新環境危險的種種訊息，有利於在萌芽階段解決問題。預防污染和事後治理的經費比例是 1：20，可見預防治理可以大大降低資金的支付和代價。現在已有不少的國家加強了對預防污染的研究。美國在 1972 年發射的地球資源衛星，運用多譜攝影機、多譜掃描儀研究海洋污染。前蘇聯採用了直測和遙測各種有害物質濃度的方法，並應用電子計算機對生態圈過程進行模擬，以此加強預防性治理。可以想見，這些先進技術將會在預防治理中大顯身手，在生態環境的綜合治理中發揮作用。

現代污染綜合治理策略還注重廢物的綜合

利用。長期以來人們把工業「三廢」看成純粹
的廢品，大量排放，堆積在大氣、江河和其他
空間，造成嚴重的污染。雖然採取了一些單項
的治理措施，或者採用經濟和行政處罰方式，
但並未取得明顯的效果。七〇年代以後，人們
的治理污染觀念發生了改變，開始對工業和生
活中的廢棄物採用綜合治理、綜合利用、變廢
爲寶的策略。例如對廢水的處理採用物理、化
學和生物技術，從中回收有用的物質，並把經
過三級處理後的水送入城市水道，作爲城市淸
潔、澆灌綠地、工業用水和防火的水源。對於
廢氣的處理，一方面採用先進技術使有害氣體
無害化，另一方面把大量廢氣變成熱能加以利
用，同時從中回收各種有機化合物。固體廢料
經過淨化處理之後，綜合利用的範圍將更爲廣
泛，大量的尾礦、爐渣、粉煤灰及城市垃圾可
以作建築材料、塡墊材料、道路工程材料。許
多固體廢料中含有砂石、粘土、金屬、煤炭、
油等多種物質，可以從中回收能源和各種資
源，可以作爲肥料。現在不少的金屬、玻璃、

造紙、塑膠材料都是從工礦廢料中回收的，既減少了污染，又產生了經濟效益。工業和生活廢棄物的綜合利用是廢物資源化的過程，現在許多國家十分重視把廢物，特別是固體廢棄物轉化為資源的工作，建立了眾多的廢棄物回收機構，在國際上還出現了廢棄物交換市場，促進了廢棄物資源化和綜合利用的發展。

(二)強化生態環境管理

　　七〇年代以來，生態環境管理的意義被越來越多的國家所重視，許多國家建立了生態環境保護的行政機構，使生態環境管理工作具有了合法性和權威性，在生態環境保護中發揮了積極的作用。聯合國的環境規劃署(United Nations Environmental Program)與世界各國的環保部門互相協調，交流經驗，不斷完善了生態環境管理體系，對全球的環境保護、資源開發和生態平衡的維護做出了積極的貢獻，累積了豐富的經驗。

　　根據有關國際會議的倡導，總結多數國家

的經驗，目前的生態環境管理大致有以下一些方面：

　　1.制定和實施自然環境、城市環境、區域環境和工農業交通污染的防治計劃。

　　2.確定環境質量標準和污染物排放標準，組織檢查、監測和評估環境質量狀況，預測環境質量變化趨勢。

　　3.確定環境治理的技術路線和政策，規劃和預測環境科學技術的發展方向，組織國內外環境技術的合作與交流。

　　4.利用行政、立法、經濟、技術、教育等手段，推行環境保護的各種政策、制度、法規和標準，對違反環境制度和法規的行為進行教育、警告、罰款、徵稅和技術控制，對環境保護項目和治理地區、單位給予技術和經濟的援助，推廣先進經驗和技術，進行生態環境知識、法規、技術、工藝、管理的宣傳教育，執行仲裁，培訓專業人才。

　　環境管理是一個積極的方針。許多國家在總結環境管理的經驗和教訓的過程中，確定了

生態環境管理以保護地球資源爲中心任務。在
資源保護中，一方面加強管理，防止污染、過
度開採和浪費，另一方面在兼顧環境效益的前
提下，注重綜合利用和合理開發，使資源建設
爲生產服務。近年來，世界生態環境管理在這
些方面做了大量工作，取得了可觀的成果：

　　1.實行多元能源體系的保護策略，推廣先
進技術，改進傳統的能源體系；提高能源燃燒
的熱效率，加強能源的回收和綜合利用；開發
低污染、無污染、可再生的核能、太陽能、地
熱、風力、潮汐和生物能源，實現環境效益和
經濟效益的豐收。

　　2.加強水資源的保護與管理，對工農業用
水加強計劃性，按量收費；推廣節水技術，提
高水資源綜合利用率，實現污水資源化；對水
利工程進行科學論証，制止不合理的工程建
設；合理利用和開發水資源，推廣一水多用和
閉路循環的用水經驗，發揮水資源的水電、水
運、水產的潛力。

　　3.加強對土地資源利用的調查研究，強化

土地管理政策；因地制宜利用土地，積極採取改良土壤的措施，提高土地利用率，嚴格限制佔用耕地，節約土地資源；實行建設用地和新耕地開發兼顧的策略，合理開發耕地，重視退耕還林、退牧還林、造林種草，強化水土流失的管理，使發展農林畜牧業與土地資源保護相一致。

4.加強對森林資源的管理，開展持久的造林運動，開發森林綜合利用，發揮森林在維護自然生態平衡中的作用。

5.對海洋和海洋資源實行科學管理，建立海洋和海洋資源國際管理法規，防止對海洋有害物的傾倒，改善海洋捕撈管理，制止圍海造田；合理開發海洋資源，加強對海洋資源的綜合利用。

6.強化對動植物多樣性的管理，實行稀有動植物保護區策略。目前世界上已有 100 多個國家和地區建立了各種不同類型的自然保護區，從中獲得了巨大的經濟效益和生態效益。

(三)注重經濟成長與生態環境的協調發展

　　七○年代以來，許多世界性組織和生態環境的國際會議曾著重研究和討論過經濟發展與生態環境保護關係的問題，綜合其主要觀點，大致形成這樣的共同看法：經濟技術發展與環境保護既相對立，又相統一，既相制約，又相促進，在現代文明的建設中，既要遵循經濟規律，又要遵循生態平衡的自然規律。因此，科學的生態策略必須以反映經濟發展和自然保護的雙重要求為標準，必須以人與自然的協調發展為目標，求得經濟效益與環境效益的同步增長。這些主張大體上指明了處理經濟技術發展和環境保護的正確方針，這種方針現已逐漸成為人們的共識，為制定當代世界的生態策略提供了參考。

　　近年來，世界上許多國家都比較重視在工業化的道路上解決生態環境問題，為此創造了不少經驗，這些經驗有：

　　　1.堅持經濟、技術、社會發展與生態環境

建設的整體性方針，制定包括治理生態環境在內的社會綜合發展規劃與策略。

2.在經濟建設與環境建設的順序上，避免過去「先建設，後治理」的彎路，注重經濟建設與環境建設同步發展，經濟建設為環境治理提供經濟支持和先進技術，環境建設透過治理污染，保護和綜合利用資源，為發展生產節約經費，降低成本，提高效率。

3.新項目投資生產、新工業基地建設和城鄉建設按經濟規律和生態規律進行，做到經濟效益與環境效益、局部利益與全局利益、近期利益與長遠利益統籌兼顧，綜合平衡。

4.在國際範圍內，在堅持促進全世界經濟與環境協調發展的同時，特別注重把發展中國家的貧窮看作是最大的生態環境問題，克服經濟、技術、資源消耗的不平等狀況，透過改善第三世界的經濟和環境狀況，進一步改善全球的經濟與環境狀況。

促進經濟與環境協調發展的策略，無疑是一個正確的策略。但是根據當前的實際情況，

人們十分清楚地認識到，在經濟與環境保護的
同步發展中，必須突出環境保護的主導原則。
這個原則的確立是以生態經濟學的規律為根據
的。根據環境計量統計，環境價值與經濟價值
是有差別的。日本在七○年代曾對本國的森林
做過計量分析，日本全國的森林貯水量共可達
2,900 億噸，除去自身蒸發和其他消耗 600 億噸
外，淨餘貯量 2,300 億噸，而建造貯水 2,300 億
噸的水庫，需耗費 16,000 億日圓。芬蘭也計算
過，芬蘭森林每年生產木林的經濟收益是 17 億
馬克，而它的環保價值是 53 億馬克。這說明生
態環境效益本身就是經濟效益，而且是更為巨
大和重要的經濟效益。如果考察當前生態環境
的種種危機，以及它們對經濟發展造成的嚴重
後果，就更加說明環境保護在經濟建設的重要
地位了。正是根據這種認識，現在世界上許多
國家在制定國民經濟發展計劃時，特別重視制
定生態經濟發展計劃，卓有見地地把生態效益
放在優先考慮的策略地位，不但取得了很好的
生態效益，也獲得了巨大的經濟利益。目前在

聯合國對發展中國家的援助中，也發生了優先有利於解決生態環境問題的策略轉變。在六○、七○年代，聯合國曾制定幫助發展中國家的兩個十年發展計劃，由於單純傾向在經濟、技術方面給予幫助，忽略了發展中國家特殊的生產狀況和資源、環境的特點，脫離實際，往往成效不大。第三個十年發展計劃接受了過去的教訓，使援助計劃的實施，在有利於發展中國家利用本國資源、保護環境和自力更生的前提下，加快經濟技術的發展，這是個生態經濟的發展計劃，這個計劃現在正在產生積極的影響。

　　現在世界各國在促進經濟建設與生態環境協調發展的過程中，特別重視生態工藝(Ecology Technology)、生態農業(Ecology Agriculture)和生態經濟(Ecology Economy)的實施。生態工藝是無廢料生產工藝，它把兩個或多個生產流程合併，組成一個閉合系統，使第一次輸入生產系統的物質和能量，在生產出第一種產品之後，將剩餘物質包括污染廢料作

爲第二種產品的原料，第二次生產過程產生的
廢料，又作爲第三種產品的原料。這種生產過
程可以一直進行下去，取得綜合利用、變廢爲
寶的巨大成果。目前這種生態工藝在工業生產
中得到應用，並帶動了無污染能源、無污染燃
料、無污染裝置部門的發展。生態農業是生態
學規律在農業生產中的應用。它著眼於充分利
用自然資源，以最少的投入，爭取盡可能多的
收益，並且保持農業生產和生態環境的協適平
衡。例如用作物稭稈、樹葉作飼料餵牲口和養
豬，用牲口和豬的糞便生產沼氣，沼氣作燃料
和發電的動力，沼氣生產中的廢料又作牲口、
養豬和養魚的飼料，魚的排泄物形成泥塘，泥
塘和牲口糞便又是作物和林木的肥料，透過這
種一系列的農產品和廢料的深加工和不斷開
發，做到物盡其用、保護生態環境、促進農林
牧副漁的綜合發展和農村工業的綜合利用。生
態經濟是根據生物資源的再生特點和生物自身
進行疏稀調節的功能，在森林採伐、漁業捕撈、
草場放牧和經濟鳥獸狩獵等活動中，做到養用

兼顧、間伐幼撫、適令開發，既維護了生物與
環境之間的物質供需關係，有利於保護生物旺
盛的生產力，又依照生態規律，合理利用了自
然資源，避免了自然資源的浪費，取得了應有
的經濟價值。生態工藝、生態農業和生態經濟
於六〇年代在一些國家開始實驗，七〇、八〇
年代已經普遍推廣，它們作為當代生態策略的
成功經驗，在未來必然會有更大的發展。

㈣加強生態環境的立法與教育

　　保護自然環境的法律條文古已有之。工業
化以來，污染問題初見端倪，一些西方國家開
始制定防治污染的法規。隨著本世紀五〇、六
〇年代自然環境和資源的破壞日益嚴重，迫使
各國政府制定出一系列的保護法律，環境法開
始形成了一個新的系統的法規體系。從七〇年
代開始，特別在國際人類環境會議之後，國際
環境法律建設被重視起來，逐步建立起保護國
際環境和自然資源的種種法規。從此，環境法
規建設作為環境保護的一項策略措施，迅速走

上組織化、系統化和國際化的發展軌道。

　　各國的國情各有不同，保護環境的任務也有不同的側重，但從整體上看，目前的環境法規建設大致有以下一些方面：

　　1.憲法中對國家機關、企業單位和全體公民規定了保護生態環境的基本任務、目標和責任，這是國家和社會環境保護的最高準則和法律基礎。

　　2.建立綜合性環境保護法，對環境和資源保護的範圍、對象、方針、政策、對策作出原則的規定。

　　3.建立各項具體的環境法規和制度，對保護土地、礦產、森林、草原、江河、大氣、野生動植物、風景名勝和古蹟的資源進行規範，對環境品質標準、污染物排放標準和防治公害措施加以明令規定。

　　4.用法律形式和行政手段，對污染者規定責任負擔、污染收費制度與徵稅制度，對危害環境和資源的違法行為追究行政、民事、刑事責任，實行賠償和處罰制度，對保護生態環境

的有功單位與個人，實行財政補貼、減免徵稅和各種獎勵制度。

　　近二十、三十年來，由於公海、外層空間、極地環境問題和資源匱乏問題的突出，國際環境法建設發展很快，地區雙邊和多邊的國際協定、公約、議定書的簽訂甚多，全世界的環境法規也在迅速建立。如1970年歐洲共同體六國公佈《汽車噪音限制標準》，1973年海洋污染國際會議通過《國際防止船舶造成污染公約》，1974年丹麥、芬蘭、挪威、瑞典四國簽署《環境保護公約》，1977年臭氧層問題國際會議通過《關於臭氧層的國際行動計劃》，1980年聯合國環境規劃署公佈《世界自然資源保護大綱》等。據統計，目前為管理國際界河和湖泊，已先後簽署了300多項國際規定，為避免開發宇宙空間造成的問題，聯合國和有關組織通過了一系列的宣言、條約和公約。全球性環境法制建設的發展和成就，反映了國際生態環境保護的新趨勢、新策略和新經驗。

　　生態環境教育作為現代世界生態策略的一

個不可分割的部分，在國際社會也受到普遍重
視。1970 年美國發佈了《環境教育法》，對實施
環境教育的課程、展開師資的培訓、加強各種
宣傳媒體的環境教育功能、設置野外環境教育
中心等作了明確的規定。英國確定了以 8 歲至
18 歲學生爲對象的環境教育計劃。法國編訂了
供各類學校使用的環境教育教材和參考資料。
日本展開了以小學生爲主的公害教育實驗，具
體規定了各個年級的環境教育內容和要求。在
發展中國家，環境教育也有各種進展，如印度
展開了環境教育實驗，泰國在 1978 年在各類學
校開設了環境保護的選修課。

在開展全球環境教育的行動中，聯合國發
揮了指導作用。1974 年和 1975 年，聯合國環境
規劃署和教科文組織(UNESCO)召開了兩次
國際環境教育大會，對全球環境教育的意義、
內容、目標和規劃進行了全面的佈署。兩次會
議指出：透過環境教育，使人們取得對當代日
益尖銳的資源、污染、人口等問題的清醒認識，
確立「只有一個地球」的信念，熱愛大自然，

親近大自然，提高保護大自然的自覺性；環境
教育的目標在於提高世界人民保護環境的責任
感，防患於未然，掌握保護環境所必要的知識、
技能和實踐能力，培養專業人才；環境教育是
一個系統工程，應從整體上對自然、社會、文
化、審美和未來進行綜合考察，在理論、知識、
技術、法規、管理等方面進行系統的教育，提
倡生態環境保護的全球性參與，提高全球生態
環境保護的實效；透過學校、研究機構和大眾
傳播媒界進行廣泛的社會教育，透過未來預
測、數學模型、情景顯現、系統分析等先進的
教育方式與手段，完善環境教育方法，增強環
境教育的可接受性，提高環境教育的效果。

　　環境教育的方式和內容受到各國的社會制
度、國情條件和管理水準的制約，因此各國存
在一些差別。但從整體而言，由於環境問題更
涉及到自然規律問題和人類發展中的共同性問
題，所以在各個國家之間存在著更多的認同
性，這是開展全球生態環境教育極好的條件。
從目前世界各國開展生態環境教育的實際情況

看，各國之間可資借鏡的東西很多，環境教育
的國際交流十分活躍，聯合國和國際組織的許
多指導性意見易於為各國所接受。由於世界各
國和世界組織的共同努力，現在全世界的環境
教育活動正在積極展開，環境教育提高了全民
的環境保護意識和環境管理水準，發展了生態
環境科學，培養了環境科學和管理人才，並在
全球範圍內推動了生態保護運動的開展。

(五)重視生態文化的綜合研究

　　人類保護生態環境的鬥爭從一定意義上而
言，是一個偉大的科學實驗，這本身就說明了
開展生態文化科學研究的重要意義。特別是解
決當代生態環境問題的複雜性、系統性和迫切
性，必然把生態文化的綜合研究提高到當代生
態策略的地位上來。

　　生態文化研究首先是關於生態文化科學和
生態保護的理論、方法和技術的基礎性研究。
研究的目的在於掌握自然生態系統和環境運動
的過程和機理，發揮生態系統的整體優化效

應，提高整體環境品質，掌握人與自然之間適
應協調的規律，維護人類活動與自然界之間的
動態平衡，促進人類社會經濟文化的繁榮昌盛
和持續發展。當代這種研究已經取得了可喜的
進展和豐碩的成果。近些年來在傳統環境科學
研究的基礎上，逐漸開拓了環境經濟學(Envi-
ronmental Economics)、環境法學(The Sci-
ence of Law of Environment)、環境管理學
(The Science of Managing Environ-
ment)、文化生態學等新的分支學科。這些新學
科發展了生態環境理論，擴大了生態環境科學
的應用範圍，增強了實效性功能。特別在治理
環境、保護自然資源、加強環境的管理方面，
近年來開展了多學科的宏觀和微觀相結合的研
究工作，提出了系統的科學理論、保護方略和
技術措施，尤其是利用生態工程、生態經濟和
生物技術，爲節約和保護能源與資源，爲開發
新能源和新資源做出了突出的成績。

　　當代生態環境問題是世界各國面臨的最重
大、最複雜的課題之一，其範圍涉及自然、社

會、精神各大領域，要求動用人類掌握的全部
知識和手段方可得以解決。面對這樣的課題，
只靠自然科學、技術手段和某些專業工作者是
無以勝任的。必須大力開展自然科學、技術科
學、經濟科學(Economics)、管理科學(Science
of Administration)、法學(Science of
Law)、文化學(Science of Culture)等自然科
學和社會科學的綜合研究，實行自然科學家、
社會科學家、社會活動家的廣泛合作，在生態
環境保護的理論研究、技術實施、綜合管理、
全方位教育和國際合作等眾多的方面形成系統
工程，才能解決世界範圍內的環境惡化、生態
失調、資源枯竭、人口危機和價值傾斜等一系
列的重大問題。與其他學科相比，突出自然科
學和社會科學的交叉融合，開展生態環境的系
統工程研究是現代生態文化的根本特徵和發展
趨勢，是現代世界生態策略(Ecology Strat-
egy)的根本措施。目前世界各國都十分重視這
種綜合研究，許多國家建立了生態文化建設的
綜合研究和指導中心，聯合國和其他國際學術

組織為此做了大量工作，許多有遠見的科學家和社會活動家發表了很有價值的意見。所有這些都為世界生態環境保護運動提供了指導，產生了廣泛而深刻的影響。

加強對生態環境問題的未來預測，是當代生態文化又一重要特徵和策略，這對於提高人們生態環境的未來意識和責任感，制定正確的環境保護規劃、政策和決策具有十分重要的意義。環境未來預測性研究一般分為兩類，一類是國家和地區性研究，另一類是全球性研究。在當前，全球環境未來預測性研究更具有突出的策略意義。這種研究在七〇年代末和八〇年代初相繼出現，如羅馬俱樂部的一系列報告、美國的《2000年的地球》、經濟合作與發展組織的《未來與未來之間》、聯合國環境規劃署的《世界的未來》等。羅馬俱樂部的《成長的極限》的報告採用了全球模擬模型的方法，對全球的污染、資源、糧食、人口和經濟的未來狀況進行了預測性研究，指出，如果地球的人類不懂得系統調控，在不久的將來，污染、資源、

糧食、人口成長將出現危機，經濟發展也會達
到極限。羅馬俱樂部報告的結論不一定都正
確，但它根據切實的資料，進行數學模型的分
析，提出關於各種自然資源消耗時限的種種告
誡，給人留下十分強烈而深刻的印象，在全世
界引起了普遍的關注。正如有人所說，羅馬俱
樂部的報告在國際生態保護的舞台上，扮演了
重要的角色，起了關鍵性的作用。又如《2000
年的地球》在七〇年代曾預測，八〇、九〇年
代世界污染的主要威脅將是酸雨，未來世界人
口每年增長近一億，二十一世紀初動植物資源
將滅絕四分之一到五分之一。現在酸雨沉降的
嚴重性已証明了上述預測的結論，在關於人口
和生物資源的數量表徵的預測方面，現在也基
本上得到証實，這都說明了全球未來預測性研
究的重要作用和突出貢獻。當然，各種全球性
預測由於依據理論和方法的不同，會形成不同
的結論，有些預測結果甚至是針鋒相對的，但
這不能否定全球性預測研究的作用，相反地，
它說明了全球環境的危機與機會並存，說明了

開展全面的未來預測性研究的重要性。

㈥加強生態環境保護的國際合作

保護自然環境從根本上說，是保護人類賴以生存的地球環境。世界上的國家和地區大多數有明顯的邊界，但是各種污染卻不受國家和地區的限制，一個國家和地區的污染往往會擴散到鄰國和其他地區，造成大面積的危害，大氣、公海和極地的污染更是危及全世界的事情。各國的資源為各國所有，但它更是全人類的寶貴財富，一個國家過度開發土地、森林、礦產和經濟生物等資源，造成土壤沙漠化、水旱災害和生態失調，必然對全世界的生態環境帶來嚴重的損害。不少國家片面追求經濟技術發展指標和效益，對全世界的資源貯備和環境質量維持增加壓力。還有，許多國家人口的劇增，世界上的南北懸殊，以及數億處於飢餓和文盲狀態的人群，必然會給全世界的協調發展帶來不利的影響。所有這些都說明為解決當代世界的生態環境問題，建設良好的地球環境，

是世界各國人民的共同任務，只有制定全球生
態策略，採取國際行動，實行國際合作，靠全
世界人民的共同努力，才能取得應有的效果。

　　現在世界上許多國家開始重視環境保護的
雙邊合作和多邊合作。從七〇年代始，許多國
家開展了環境監測技術的聯合研究，控制國際
間污染排放量的規定也在某些國家和地區開始
實行。各國定期和不定期向聯合國的環境規劃
署報告，爲開展國際環境保護和決策提供了可
靠的根據。

　　環境保護的國際合作有三個層次，即國家
之間雙邊的、地區多邊的和全球性的，而全球
性合作尤爲關鍵。現在的世界氣象組織(World
Meteorological Organization, WMO)、世界
衛生組織(World Health Organization)、國
際科學聯盟(International Scientific Union)
和聯合國環境規劃署與教科文組織等作爲全球
生態策略的組織者，在全球生態環境保護中起
了重要作用。七〇年代以來，在這些組織的提
議下，制定和通過了一系列的全球環境保護宣

言和計劃，如《人類環境宣言》、《里約環境與
發展宣言》、《環境政策宣言》、《全球水質監測
計劃》、《人與生物圈計劃》、《世界自然資源保
護大綱》、《關於臭氧層的世界行動計劃》等，
這些宣言和計劃規定了全球環境保護的任務、
目標、政策、技術措施與國際合作，推動了世
界各國環境保護活動的深入開展。

在環境保護的國際行動中，綠色和平運動
異軍突起，進行了有聲有色的維護世界生態、
環境的鬥爭。七○年代初，西歐興起了以保護
自然環境為宗旨的市民運動，後來在許多西方
國家形成了多國參加的綠色和平運動(Green
Pacific Movement)。綠色和平組織是由不同
國籍的科學家、社會活動家、下層群眾和青年
組織的世界性保護環境的團體，他們透過自己
的輿論工具和制定的各種綱領計劃，大力宣傳
生態價值、生態人道主義(Ecological Humani-
tarianism)、生態生產方式與生活方式，以及反
核主義(Anti-Nuclear　Doctrine)、和平主義
(Pacifism)和生態經濟計劃，並且透過開展大

規模的生態保護運動，甚至以冒死的抗爭，竭力和危害世界生態環境的現象作鬥爭。綠色和平運動開展的保護公海環境、保護地球的生物資源和干預危害環境的生產過程的事跡，給世界人民留下強烈的印象，贏得了世界輿論的贊同。綠色和平運動獨樹一幟，力挽世界環境危機的事跡，說明保護世界的生態環境必須使專業工作與群眾運動相結合起來，政府間活動與非政府間活動相結合，生態環境的建設與維護生態環境的鬥爭相結合，才能取得不斷的勝利。當然，對於綠色和平運動和綠黨(Green Parties)，目前還有不同的看法，西方一些政界首腦更是不以為然，聲稱它的方向和道路是烏托邦(Utopia)的。對於關於綠色和平運動的政治傾向可以暫且不論，單就它維護世界生態環境的大無畏精神和鬥爭得來的成績，就足以贏得人們的敬仰了。

第六章
當代中國大陸
的生態策略

　　中國大陸目前正處於發展中的階段，面臨著迅速發展經濟技術，實現現代化的艱巨任務。中國大陸在長期的經濟建設中，不斷總結經驗和教訓，深刻認識到經濟建設與環境建設兩者緊密相關，相互制約，提高綜合國力必須大力開展保護環境的工作，這是當代中國大陸建設中的一項策略方針。

一、中國大陸的生態環境問題和生態環境保護策略

㈠中國大陸的生態環境問題

　　中國作為世界上的文明古國，自然生態環境狀況一直是比較好的，直到本世紀六○年代中期以前，到處還可以感受到蔚藍的天空、新鮮的空氣、清潔的河水、乾淨的街道，綠樹成蔭，鳥語花香，外國人到中國大陸來，也稱讚中國自然環境的清新和優美。但到六○年代中期，中國大陸的環境污染開始出現，國外在五○年代公害氾濫的局面，在中國大陸也逐漸凸顯出來。

　　由於人們生態意識的覺悟遲緩，由於工業建設不重視它的環境後果，造成當代中國大陸各個領域的生態環境問題蔓延，有些方面甚至達到十分嚴重的程度。大陸的空氣污染大大超過了自然本身的淨化能力，許多城鎮的煙霧粉

塵沉降每月每平方公里達到 30 到 40 噸。嚴重
地帶達到上千噸，遠遠超過衞生標準規定的 6
至 8 噸的指標。近十年來，大陸的酸雨發展迅
速，對大氣、水體、生物造成十分可怕的污染，
成為當代世界包括歐洲、北美在內的三大酸雨
嚴重地區之一。水體也發生了不同程度的污
染，大陸 27 條主要河流中，有 15 條遭受到嚴
重的污染，有的江河地段和湖泊已成為魚蝦絕
跡的「死水」。佔大陸水資源百分之三十六的長
江，已監測出含有 40 種污染物，岸邊污染帶累
計長達 500 公里。大陸自然資源的破壞也比較
嚴重，大陸林木的年耗量已達 3 億立方公尺，
而年生長量只有 2.3 億立方公尺，且有四分之
三的森林集中在東北和西南邊疆，可收率僅約
百分之三十。草場退化達 7.7 億畝，佔可利用草
原的百分之二十三，產草量平均下降百分之三
十到五十。森林和植被毀壞造成水土流失，黃
河流經的黃土高原是水土流失最嚴重的地帶。
現在長江上游植被破壞，含沙量劇增，長江每
年帶去的泥沙已達 5 億噸，有變成第二條黃河

之虞。水土流失使土地風化、沙漠化和鹽鹼化，
造成持續的水旱災害。據統計資料，1949 年至
1980 年，中國大陸有 11 個省的 207 個縣，約 6.
5 萬平方公里的良田變成沙漠，全大陸沙漠化
土地達 149.6 萬平方公里，佔全國總面積的百
分之十五點五，全國約 1 億畝的土壤發生了嚴
重的鹽鹼化。這對中國大陸的氣候和工農業生
產帶來了無法估量的不利影響。生物品種絕種
的過程也在加劇，大陸已有的麝鹿、新疆虎、
白臀葉猴等物種已經滅絕，六〇年代在東北林
區尚可發現的東北虎，近年來已經所剩無幾。
此外還有噪音污染日漸嚴重，不合理的圍海造
田、圍湖造田造成生態失調，地方園林、名勝
古蹟和自然風景區被侵佔損壞，以及人口增長
對自然環境和經濟生活造成嚴重的壓力等。

(二)環境保護策略

　　與西方發達國家相比，中國大陸對生態環
境的治理工作開展較晚。但近年來，隨著環境
污染問題逐步凸顯，政府部門開始認識到生態

環境問題的嚴重性，制定了一系列的保護生態環境方針、政策、策略和措施，不斷開創了生態環境保護和治理工作的局面。

可以說從 1973 年開始，中國大陸的環境保護工作步入正軌。這一年，成立了國家環境保護機構，國務院召開了第一次全國環境保護的工作會議，制定了中國大陸第一個環境保護的綜合性法規《關於保護和改善環境的若干規定（試行草案）》。在 1979 年公佈的憲法中，規定「國家保護環境和自然資源，防治污染和其他公害」。同年頒佈了《中華人民共和國環境保護法》。1983 年召開了第二次全國環境保護會議，會議宣佈保護環境是現代化建設的一項基本保証條件和策略任務，是一項基本國策。從 1973 年到 1983 年的十年間，中國大陸的環境保護工作經歷了從一般號召到策略實施的發展過程。在這個時期，中國大陸根據自己的國情和環境保護工作的初步經驗，制定了一系列保護環境的具體政策和規定，不斷完善了環境保護的方針和策略。例如，為促進經濟建設和環

境建設的協調發展，規定防治汚染設施應當與
主體工程同時設計、同時施工、同時投資生產，
確定汚染責任，規定「誰汚染，誰治理」；建立
環境品質報告書制度；提出保護環境一靠政
策、二靠技術，加強對環境保護的新工藝、新
技術的研究；加強環境管理，展開環境科學和
環境保護的研究、教育、宣傳，動員群眾廣為
參與；環境保護工作要與防治結合，綜合利用
與變廢為寶；國家規定重點治理項目，限期完
成等。

　　中國大陸由於制定了正確的環境保護方針
和策略，並做了大量的工作，使環境治理取得
了可觀的成績。1979 年國家下達的 167 項重點
汚染治理項目，現已基本完成，許多嚴重的汚
染源得到控制，環境品質有了改善。隨著改變
不合理的工業佈局，防治汚染和大規模綠化，
城市的環境有了改觀，像杭州、蘇州、桂林、
漓江這樣的風景區，基本恢復了過去的水質和
自然風光。透過全民性的防止森林資源毀壞和
植樹種草運動，水土流失有了好轉，到 1983

年，治理水土流失的面積佔流失總面積的三分
之一，有一半以上的鹽鹼地得到治理，江河水
質有了改善。全國建立了 700 多個自然保護
區，使自然資源、珍稀動植物、文物古蹟得到
保護，自然環境的生態質量有了提昇。

二、中國大陸人口問題的尖銳
化和控制人口政策

㈠人口問題的尖銳化

當代生態文化研究証明，環境問題的出現
與人口問題緊密相關，而環境問題的改善，更
有賴於人口問題的適當解決。這幾乎是一個生
態學規律，這個規律在中國大陸這個世界上人
口最多的地區表現得尤爲突出。

中國大陸人口在很早以前就居於世界首
位，並且一直在快速增加。中國大陸人口在
1760 年爲 2 億，1900 年大陸人口達到 4 億，一
百四十年增加了一倍。1969 年爲 8 億人口，大

約七十年增加一倍。此後，1981年達到10億，九○年代初達到11億，本世紀末預計達到12億，這就是說，從七○年代開始，大陸人口按每年1億的速度急劇增加。

　　大陸人口急劇增加最明顯的後果是給經濟發展造成巨大的壓力，使有限的經濟成長被過多的人口增長所抵消。1981年的國民收入比1953年增加4.5倍，但按人口平均只增加2.2倍。1981年的糧食年產量比1953年增加百分之九十六，而人口平均只增加百分之十四。以經濟成長指標的絕對值看，中國大陸經濟發展速度相當可觀，但從人均數量來看就很小了，原因就在於增長的經濟效益被過多的人口快速消耗，如從1964年以來，每年增產的糧食有百分之五十二用於新增的人口。人口增長過快給社會生活帶來沉重的負擔，造成交通、住屋、就業、教育、衛生等壓力，使之無論採取多麼積極的措施，也滿足不了過多人口的要求。中國作為一個農業大國，農業人口增長最迅速。由於越來越突出的地小人稠的矛盾，大量農民

又湧進人口膨脹的城市，給城市造成巨大的壓
力，帶來許多社會問題。過多的人口使大陸的
自然資源造成嚴重的破壞和退化。五〇年代
初，大陸每人平均耕地為 0.18 公頃，每公頃地
可養活 5.5 個人，1981 年耕地減少到每人平均
0.1 公頃，每公頃耕地需養活 9.8 個人，目前耕
地減少的趨勢還在發展，人口對土地的壓力也
愈益加大。為解決土地的人口負擔問題，用圍
水造田、毀林造田、墾草擴耕的辦法增加耕地，
結果造成水域、林木和草場破壞，水土流失，
土地風化、沙化和貧瘠化。為追求急劇增加糧
食生產的短期效益，盲目使用化肥，破壞了土
壤的良性結構和長期效應。無限度地追求生物
資源的經濟效益，破壞了生物物種的多樣性，
損害了生物調節生態平衡的機制。人口的增加
使能源的需求難於滿足，現在大陸的能源人均
量很低。人口增加給經濟發展和人的生活水準
提高帶來了難度，又使環境污染尖銳化。現在
大陸大中型企業的污染還沒有根本的改善，為
解決農業人口的就業問題，新近發展起來的大

批鄉鎮企業又帶來嚴重的鄉鎮環境污染問題。
現在大陸的城市化過程加快，迅速增長的城市
人口使解決城市的物質供應、工作安排、缺水
缺電、交通堵塞、公共衛生、垃圾處理等問題
困難重重，加劇了城市生態環境不同程度的惡
化。

(二)控制人口政策

　　長期以來，中國大陸曾經受「左」的路線
影響，對人口問題的認識和處理一直存有很大
的片面性。只講人是生產力，不講或少講人也
是消費者；只講「人多好辦事」的積極面，不
講人多對經濟和社會發展造成壓力的消極面，
實際上是主張人愈多愈好。這樣就使本來可以
避免的問題，由於指導思想的錯誤，造成了人
口無控制地增長，出現了現在這種積重難返的
局面。從七〇年代開始，中國大陸對人口的問
題開始重視。隨著時間的推移，大陸不斷採取
了一系列控制人口增長的措施。八〇年代大陸
把控制人口增長確定為一項基本國策，不斷完

善了人口控制的目標和有關的政策法規，使大陸的人口控制工作出現了新的局面。

中國大陸對控制人口增長的基本要求，是把國民經濟發展與人口規劃結合起來，「兩個生產」一起抓，使人口增長與物質資料生產相協調，實行人口計劃生育的政策。制定控制人口增長的目標，並用法律形式加以確定，採取有力的具體法規和組織措施，保証控制目標的實施。政策規定：在中國的城鎮和經濟發展地區只生一個孩子，嚴格控制二胎，利住三胎；實行晚婚晚育；提高人口品質；解決因人口控制而出現的各種新的社會問題。

爲貫徹計劃生育政策，中國大陸在近年來做了大量工作：從國家到省市，到各基層單位普遍建立了計劃生育專門機構，負責領導、組織計劃生育目標的實施；採用法律、行政、經濟、教育等手段，對計劃生育工作進行有效的管理；加強計劃生育的科學技術研究工作，採用不斷發展的新技術，進行有效的避孕和生育檢查，改善婦幼保健工作；進行優生優育的宣

傳教育和科學研究，貫徹優生法，切實提高人口品質；展開人口老齡化的研究，擴大老年人的社會保險和社會保障，解除老年人「養兒防老」的傳統的後顧之憂。由於中國大陸有效地實行了計劃生育方針，僅在 1971 年到 1980 年，全國就少生了 6,000 萬人口，共節省了高達 1,920 億人民幣的撫育費和工業就業費的投資，大大減少了人口對就業、住屋、交通、教育和物質生活資源供給的壓力，也直接或間接地保護和改善了自然生態環境。與七〇年代相比，八〇年代以來，中國大陸控制人口工作取得了更大的成績。可以想見，如果在今後的若干年內，中國大陸的基本路線和人口政策不受大的干擾，人口控制可能會實現一個比較合理的目標，這不僅是促進中國社會發展的一大成就，對於整個世界來說也是一個很大的貢獻。

三、進行具有東方特點的生態 文化建設

縱觀生態文化的發展史，可以十分清楚地發現，生態意識(Sense of Ecology)的具有與淡薄，生態文化的確立與改變，對於生態環境的保護與破壞具有至關重要的作用。在古代特定的生產力水準和社會文化的條件下，產生了各式各樣的生態崇拜現象，這種崇拜雖然不是一種正確的生態觀，但在客觀上對維護古代意義上的生態平衡來說，無疑產生了或多或少的積極作用。近代出現了所謂技術生態觀，這種觀點重在對自然的改造和利用，從而造成了對自然環境的種種破壞，隨著人們在生產領域的不斷勝利，人們的經濟利益觀念愈加膨脹，對自然破壞的廣度和深度也在每況愈下。在現代，又逐漸興起了所謂的人文生態觀，這種觀念重新強調人與自然的和諧，重視經濟發展與生態環境的協調以及自然生態與社會生態的協

調，隨著人們觀念的改變，生態環境狀況也在產生新的改變。雖然由於生態環境污染和失調的滯後作用，使治理工作還不足以馬上改變環境問題的嚴重積淀，但總歸是有了良好的開端。

　　目前正在興起全球生態觀或未來生態觀，這種觀念從全球和人類未來的利益出發，重在加強符合自然規律和社會發展規律的全球生態環境建設。雖然這種全球的生態文化建設目前還只是具有遠見卓識的少數科學家、社會活動份子的思想和行為，但是它已經產生了和正在產生廣泛而深刻的影響，一個未來美好的全球生態環境共同體的理想正在給人巨大的鼓舞。由此可以說明，解決當前的生態環境問題，除了不能忽視技術、法制和管理等措施外，關鍵在於生態環境的整體性建設。而生態環境整體性建設的關鍵點，是生態文化建設。生態文化建設在於根本改變人們急功近利的環境價值觀，建立自然之間、自然與社會之間、社會之間乃至全球之間的協調平衡的思想方法和行為

方式，以便為新的生態環境建設提供思想準備
和道義支持。進行生態文化建設是當代生態環
境建設中的一項策略性任務。在加強生態文化
建設的過程中，必須強調指出，要充分尊重各
個國家和民族的歷史和經驗，在研究各民族國
家傳統經驗和問題的基礎上，建立各具特色的
生態文化模式，這無疑是當代生態文化建設中
的一個關鍵性問題。

　　中華民族在長期的歷史發展中，形成了生
態文化和環境保護的傳統和經驗。如前所說，
中國古代文化的一個核心內容是天人合一論，
這個理論以「天人合一」、「萬物一體」、「天地
合一」、「天人一會」、「天地人一」、「天道自
然」、「中正不累」、「中庸之道」等概念與命
題，表現了古人對自然界、人與自然界和社會
各界的統一性、整體性與和諧規律的認識，是
中國人對於生態理論和生態文化的特殊表達方
式。同時，中國人在長期的生產和生活實踐中，
還研究了有關生態環境保護的種種原則，累積
了豐富的經驗。諸如，管子提出「審天時，物

地生」的農業生產的生態學原則；孟子提出「苟
得其養，無物不長，苟失其養，無物不消」的
生物資源消長規律；荀子提出「養長時則六畜
育、殺生時則草木殖」的處理養殖與斬伐、保
護和利用原則；朱熹提出「取之有時，用之有
節」的按自然生態規律開發資源的原則等。古
代還提供了設置虞官水衡的環境管理機構和加
強水土、林木、城市、苑囿、名勝管理的豐富
經驗。還有，在中國大陸的現代化建設中，雖
然造成了與西方國家同樣的生態環境問題，但
在農業生產過程中，特別在邊遠的少數民族地
區，仍然可以發現與古代息息相關的生態意
識、生態經濟、生態技術、環境保護法規、環
境教育等傳統生態文化跡象。

　　對於中華民族傳統的生態文化和環境保護
經驗，許多西方學者曾給予很高的評價，認為
產生在持久的歷史傳統之上的生態文化和環境
保護經驗，是東方特有的東西，也是整個人類
的寶貴財富，加以總結和發揚光大，必將對現
代生態文化建設和環境保護工作產生積極的影

響。所以現在有人提出，在當代世界生態文化
建設中，要特別重視中國和東方的經驗，加強
對具有東方特色的生態文化建設的研究，這種
觀點是很有見地的。我們高興地看到，在中國
的學術理論界已經開始了這種研究，並且取得
了一些成果，中國和外國學者的聯合研究項目
也在啓動。我們深信，只要我們堅持不懈地開
展這種研究，做出成績，就會在新的基礎和新
的起點上，豐富和發展當代的生態文化理論，
開創當代世界生態文化建設的新局面，推動全
球生態環境保護運動的開展。

參考書目

《論生態平衡》，馬世駿著，中國社會科學出版
　　社 1983 年版。

《現代生態學透視》，馬世駿著，科學出版社
　　1990 年版。

《當代社會與環境科學》，余謀昌著，遼寧人民
　　出版社 1987 年版。

《全球問題與人類困境》，徐崇溫著，遼寧人民
　　出版社 1987 年版。

《中國古代哲學寓言故事選》，嚴北溟著，上海
　　人民出版社 1980 年版。

《中國哲學發展史》，任繼愈著，人民出版社
　　1985 年版。

《生物的進化》，朱洗著，科學出版社 1958 年
　　版。

《歐洲哲學通史》上卷，冒從虎、王勤田著，
　　南開大學出版社 1984 年版。

《中國環境問題及對策》，曲格平著，中國環境
　　科學出版社 1984 年版。

《現代文化思潮——藝術、宗教、生態、未來、
　　傳統》，王勤田著，南開大學出版社 1992
　　年版。

《中國大百科全書‧環境科學》，中國大百科全
　　書出版社 1983 年版。

《動物誌》，亞里斯多德（古希臘）著，商務印
　　書館 1979 年版。

《科學史》，丹皮爾（英）著，商務印書館 1979
　　年版。

《自然創造史》，海克爾（德）著，商務印書館
　　1946 年版。

《生態學基礎》，奧德姆（美）著，人民教育出
　　版社 1981 年版。

《成長的極限》，米都斯（美）著，四川人民出

版社 1983 年版。

《未來一百頁》，貝切伊（意）著，中國對外翻
　　譯公司 1985 年版。

《人道主義的僭妄》，埃倫費爾德（美）著，國
　　際文化出版公司 1989 年版。

《寂靜的春天》，卡遜（美）著，科學出版社 1979
　　年版。

《未來的探測》，卡恩（美）著，志文出版社 1984
　　年版。

《綠色政治》，卡普拉（美）著，東方出版社 1988
　　年版。

《人與文化的理論》，哈奇（美）著，黑龍江教
　　育出版社 1986 年版。

《生存的藍圖》，戈德史密斯（英）著，中國環
　　境科學出版社 1987 年版。

《全球 2000 年研究》（美），中國展望出版社
　　1987 年版。

《人的前景》，費羅洛夫（蘇）著，中國社會科
　　學出版社 1989 年版。

《哲學·生態學·宇航學》，什科連科（蘇）著，

遼寧人民出版社 1987 年版。

Economics, Growth, and Sustainable environments: Essays in Memory of Richard Lecomber ∕ edited by David Collard, David Pearce, David Ulph. ——London: The Macmillan Press Ltd., C1988.

Environmental Economics and Management: Pollution and Natural Resources ∕ Finn R. Forsund and Steinar Strom. ——London: Croom-Helm, C 1988.

Natural Resource Economics: Notes and Problems ∕ Jon M. Conrad and Colin W. Clark. —— Cambridge (Cambridgeshire): Cambridge University Press, 1987.

The Environmental Crisis: A Systems Approach. ∕ St. Lucia. —— Queensland: Univ. of Queensland Pr. 1977.

Environmental Perspectives ∕ edited by David Canter, Martin Krampen, David Stea. ——Aldershot, Hants, England: Avebury, C1988. xix. ——(Ethnoscapes, Current Challenges in the Environmental Social Sciences; V.1)

Ecological Economics: Energy, Enviromment and Society ∕ Juan Martinez-Alier. ——N.X. :Basil Blackwell, 1987.

Ecology, Economy and Religion of Himalayas ∕ edited by L.P. Vidyarthi & Marhan Tha. ——Delhi: Orient Pub., 1986.

Sustainable Development: Economics and environment in the Third World ∕ David Pearce, Edward Barbier, Anil Markandya. Aldershot. ——England: Edward Elgar, 1990.

The environment, from Surplus to Scar-city. ／AUan Schnaberg. ——N.Y. : Oxford Univ. Pr. 1980.

Encyclopedia of Community Planning and Environmental Management／Marilyn Spigel Schultz & Vivian Loeb Kasen. ——N.Y. : Facts on File Pub., 1984.

Global Insecurity; a Strategy for Energy and Economics Renewal. ／Daniel Yergin, Martain Hillenbrand. ——Boston: Houghten Mifflin Co., 1982.

Uneven Development: Nature Capital and the Production of Space／Neil Smith. ——Oxford: Basil Blackwell 1984.

Principles of Environmental Science and Technology／by S. E. Jorgensen and I. Johnsen. ——2nd rev. ed. ——Amster-dam: Elsevier, 1989.

Economics and the Environment: a Survey of Issues and Policy Options ╱ Jon Nicolaisen and Peter Hoeller ——Paris: OECD, 1990.

The Politics of Ecology ╱ James Ridgeway. ——New York: Dutton, 1970.

· 文化手邊冊 15 ·

生態文化

作　　者／王勤田

出　　版／揚智文化事業股份有限公司

發 行 人／林智堅

副總編輯／葉忠賢

責任編輯／賴筱彌

執行編輯／晏華璞

登 記 證／局版台業字第 4799 號

地　　址／台北市新生南路三段 88 號 5 樓之 6

電　　話／(02)3660309 · 3660313

傳　　真／(02)3660310

郵　　撥／1453497 － 6

印　　刷／偉勵彩色印刷股份有限公司

法律顧問／北辰法律事務所　蕭雄淋律師

初版二刷／1997 年 1 月

定　　價／新台幣 150 元

南區總經銷／昱泓圖書有限公司

地　　址／嘉義市通化四街 45 號

電　　話／(05)231 － 1949 · 231-1572

傳　　真／(05)231 － 1002

ISBN　957-9272-06-9

國立中央圖書館出版品預行編目資料

生態文化=Ecological calture / 王勤田著.
　--初版. --臺北市：揚智文化, 1995〔民84〕
　〕
　　面；　　公分. --(文化手邊冊；15)
　參考書目：面
　ISBN 957-9272-06-9(平裝)

　1.生態學

367　　　　　　　　　　　　84001328